レッド・ライリー【著】
Red Riley
木下恵【訳】

MI6 英国秘密情報部
SPY SKILLS FOR CIVILIANS
スパイ技術読本

原書房

MI6 英国秘密情報部
スパイ技術読本

序文

情報満載のこの本を書いたレッド・ライリーと初めて出会ったのは、私が映画『ファイナル・オプション』を監督したときだった。英国陸軍特殊空挺部隊（SAS）の突入作戦で解決した在英イラン大使館占拠事件を基にした映画だ。

アドバイザーとしてSASから派遣されたライリーは、その専門知識で、映画制作のすべてにわたって私を導き、途方もない貢献を果たしてくれた。SASは秘密に包まれた部隊だけに、神経を使う職務だったに違いないが、特殊部隊という聖域で積んだ彼の豊富な経験のおかげで、リアリティにあふれた作品にすることができた。

これをきっかけに、私たちは友人になった。私は、子孫のために自分の体験を書き残しておくべきだと彼に勧めた。世界中の危険な紛争地域には、彼のように敵陣深く分け入り、勇敢に職務をまっとうしている精鋭たちがいる。彼の家族だけでなく世界中の人々にも、その驚くべき活躍を知らせるべきだという思いが私にはあった。

その後、彼は最初の著書『*Kisses from Nimbus*』（ニンバスからのキス）を書き上げ（それも見事に！）、そして今、このとびきり面白いスパイガイドの決定版を完成させた。長年、MI6の諜報員として働いたユニークな経験に基づいているから、スパイを題材にしたどの本よりも本物の情報が詰まっている。本書の魅力はそれだけにとどまらない。あらゆる意味で、心をとらえてはなさない本だ。

――イアン・シャープ

TOP SECRET

イアン・シャープがセカンドユニット・ディレクターを務めた007第17作『ゴールデンアイ』の名場面とポスター

DECLASSIFIED_
Auth: NKD Y78075-E
By Mar-12

はじめに

まず自己紹介をしよう。私の名前はレッド・ライリー。といっても、本当の名前はレッドでもライリーでもない。これは私が選んだ偽名だ。偽名を使うことにしたのは、職業人生の大半で関わってきた仕事の分野と関係がある。私は数年前に引退するまで、英国秘密情報部、いわゆるMI6のために18年以上働いていた。訓練を受けて「デナイアブル・エージェント」[deniableは「否認可能」という意味。国が関与を否認することを前提とした非公式のエージェントのこと]として雇われると、主には単独で、ときにはチームの一員として、機密情報の収集をはじめ、英国政府に命じられたどんな仕事でも遂行するため、世界のあらゆる場所に派遣された。

MI6の本部はロンドンのヴォクソールクロスにあるが、私はデナイアブル・エージェントだったので、その正面エントランスを出入りすることはなかった。思うに、イギリスのスパイを特定したいと考える外国の諜報機関があったら、まず間違いなく、レゴランド（本部ビルは変わった形なのでこう呼ばれている）を出入りする人間をすべて写真に収めて、それをファイルしているだろう。

だから私が担当の管理官と会うときは、首都に点在するセーフハウス（隠れ家）を使った。たいていは、ヴィクトリア駅からおよそ1.5キロ圏内のところで、次の任務について説明を受け、愉快な旅へと送り出された。私が外国からロンドンの本部に連絡することは絶対になかった。たとえ生死の分かれ目という状況であってもだ。私には偽の素性が複数あり、その仮面をかぶったら、あとは完全に孤立無援だった。ロンドンにいる雇い主からの支援は一切なかった。そう、実に楽しい職業なのだ。

偽の素性は、それぞれに説得力があり、身元を証明する書類もそろっていた。もちろんパスポート（使い込まれた風合いで、入国スタンプもいくつか押印済み）があったし、運転免許証、キャッシュカード、クレジットカードから、偽の勤務先に関連する書類や、リアリティを与えるため、ガールフレンドかボーイフレンドからのメモまで用意してあった。万が一、逮捕されたり尋問されたりしても、英国政府と関わりがあることはけっして口外してはならない、とはっきり命じられていた。

任務を果たせるかどうかは、すべて私の手腕にかかっていた。管理官からの後方支援は一切期待できなかった。任務成功の可能性を少しでも現実的なものにするには、自分のスパイ技術やサバイバル術をたえず鍛え、向上させる必要があった。

そもそも、なぜ MI6 に目を付けられてスカウトされたのかは、私にも定かではない。しかし、大きな理由のひとつが私の経歴にあったことは、ほぼ間違いないだろう。私は弱冠 17 歳で英国陸軍に入隊し、陸軍通信部隊に配属されて、数年後に陸軍航空隊に異動した。軍での最後の数年間は、特殊空挺部隊（SAS）に所属した。そのため、飛行機とヘリコプターのたしかな操縦技術を持ち、パラシュートでの自由降下や遠洋航海、登山の経験も豊富だった。また、長年の間に一般的な軍事スキルも身に付けていた。たとえば通信技術や武器の扱い、徒手格闘術、あらゆる環境でのサバイバル術、尋問への抵抗術、基本的な自己管理などだ。ちなみに、私にサバイバル術をたたき込んでくれたのは、世界屈指のインストラクター、ロフティーことジョン・ワイズマンだ。彼は当時、英国ヘレフォードにある

SAS本部で、サバイバル訓練の責任者を務めていた。

ロフティーから学んだサバイバル術の多くは、MI6時代にも役立ち、現在に至るまで手放せずにいる。なかでも、ロフティーがソフトな響きのコックニーなまりで私にこう言ったのを覚えている。

「いいか、シャワーを浴びるときは、必ず足に小便をかけるんだ。そうすれば、水虫のようなタチの悪い真菌感染症には絶対にかからないと保証してやる」

すると、どうだ。ロフティーは正しかった。その日以来、私は足に関してどんな悩みも抱えたことがない。悩みどころか、私の足はいつ見てもうっとりするほど美しい状態で、自分の体の中でもとくに愛着のある財産だ。これに勝るのは、頬のえくぼくらいだろう。だが、心配はいらない。あなたにえくぼがなくても、小便臭いが美しい足がなくても、シークレットエージェントになることはできる。

ただし、シークレットエージェントの技術をマスターし、それをうまく遂行するためには、成長させるべき必須要素がいくつかある。たとえば、容姿、ウソや不正の能力、自己管理能力、訓練、そしてもちろん体力だ。順番に説明しよう。

容姿

「容姿」といっても、ダニエル・クレイグやショーン・コネリーのように、性的魅力にあふれた精悍でハンサムな男である必要はない。あるいはダイアナ・リグやケリー・ラッセルのように、強くて美しい（当然、性的魅力もある）女である必要もない。実はその逆だ。スパイに必要なのは、ごく普通の容姿である。

むしろパッとしないくらいでいい。集団の中で目立たない人間が適任だ。身長や体重など、体型で差別をしたくはないが、実のところ、生き延びる可能性を少しでも残したいなら、スパイにはなれない体型がある。男でも女でも、「縦方向に問題のある体型」はダメだ。つまり、2メートル超えでも120センチでもなく、平均的な身長でなければならない。「横方向に問題のある体型」も同様で、体重が150キロ超（イギリス流にいえば25ストーン）の人では、まず通用しない。不適切な見解でまことに申し訳ないが、シークレットエージェントにはステレオタイプが存在する。これを最もうまく表すのが「灰色」という表現だろう。徹頭徹尾あらゆる点で執拗なまでに平均的な人間のことだ。とはいえ、あくまでも外見についての話である。

ウソや不正の能力

「不正を働く者は絶対に成功しない」という古いことわざがある。普通の生活ではおそらく正しいのだろう。少なくとも、長い目で見れば。いずれにしろ、これを最初に言った人がスパイ稼業と無縁だったことはたしかだ。これが正しかったら、優秀なスパイなどいないことになる。虚偽や不正に頼らずに職務を果たせる諜報機関は存在しない。こうしたことは、スパイの職務と切り離せない基本要件なのだ。職員が「防諜」「偽装工作」「高等戦術」といった言葉を使って自分たちの手法を飾り立てたとしても、要するに不正であり、ウソをつくことだ。スパイなら——あるいは、生き残るためにスパイの戦略を使う民間人も——これを受け入れなければならない。正直で公明正大に生きるのはすばらしいことだが、あなたがシークレットエージェントの重責を担うときには、その信条をわきに置く必要がある。この事実を受け入れたら、せっかくだから最善の「高等戦術」を駆使したい。それに役立ついくつかのコツを、あとでお伝えする。

自己管理能力

軍隊では、上下関係によって規律が守られている。階級の高い者から命令を受けたら、それに従わなければならない。また、相互支援、チームスピリット、仲間の背後を守るといった精神が、あらゆる戦闘部隊を支えている。

スパイの場合は（しばしば民間人も）、非友好的で非常に危険な地域に、通常たったひとりで身を置くことになる。命令する人も、代わりに決断してくれる人も近くにはいない。困難に陥ったときに、心の支えになり、背後を守ってくれる仲間もいない。スパイは孤独な職業だ。規律といえるのは、自分を律する自己管理だけである。任務で派遣されている間は、誰も信用しないことを覚えなければならない。任地で知り合った親切なエージェントであっても同様だ。安全な母国の地を踏み、本当の自分に戻ったら、そこで初めてふたたび慎重に人を信用しはじめていい。

訓練

スパイ活動のために作られた特殊なメソッドやテクニックを、諜報の世界では「トレードクラフト」と呼ぶ。シークレットエージェントは、きわめて幅広い状況に直面する可能性がある。トレードクラフトも、それに即してあらゆる要素を常に変更し、適応させる。スパイとしての労働時間の大半は、訓練と、指定されたターゲットの研究に費やされる。ターゲットの家族や友人、キャリア、趣味、政治信条や倫理観など、できるだけ多くの情報を頭にたたき込むのだ。非常にうまくまとめた原則があるから、覚えてほしい。軍隊経験者の誰もが守っている「7つのP」だ。

「Prior Planning and Preparation Prevents Piss-Poor Performance.（事前の計画と準備が小便じみた結果を防ぐ）」

体力

体力といっても、波打つ筋肉や指1本での腕立て伏せとは、まったくといっていいほど関係がない。何時間も座禅を組む必要も、重いバーベルを上げる必要もない。重要なのは総合的な健康、ウェルビーイングだ。

常に鋭敏な精神状態で、リラックスし、ユーモアを忘れないことが大切なのである。目、耳、歯の健康維持も不可欠だ。

私は、一定の心肺機能と体力全般を維持するため、以前は定期的にランニングを楽しみ、軽い腕立て伏せを日課にしていた。苦労して稼いだ金を払ってジムに通う必要性は感じたことがないし、とんでもなく重いバーベルを上げるようなトレーニングをしていたら、今頃ヘルニアになっていただろう。ステロイド剤やテストステロン、飲むだけで筋肉が増えるとうたう怪しいサプリなど、筋肉増強剤や興奮剤の類いは、何があっても避けるべきだ。

非常に重要なのは、体をできるかぎり清潔に保って、感染症や伝染病のリスクを最小限に抑えることである。前述したとおり、何よりも大切なのが足だ。ジムで買ったクスリやテストステロンで筋骨隆々になった悪漢から逃げるときには、おそらく足が必要になる。だから、ロフティーのアドバイスを忘れてはいけない。シャワーを浴びるときは、必ず足に小便をかけるのだ。

1

「灰色の男」になるテクニック

英国女王陛下の秘密情報部（通称 MI6）に加わり、デナイアブル・シークレットエージェントになるまで、私は軍人だった。陸軍に入ると、通信兵として英国陸軍通信部隊に配属され、次に陸軍航空隊に異動して、ヘリコプターの操縦士になった。それから特殊空挺部隊（SAS）の隊員として軍務を終えるまでに、20 年以上の歳月が流れた。英国陸軍での長いキャリアは、華麗とはいえないことも多かったが、その間、私個人の外見に本気で注意を払った上官は、ひとりもいなかった。そうはいっても軍に入ったばかりの頃は、制服を着るときは身なりを整え、清潔でスマートな見た目でなければならないとされた。もちろん、作戦遂行中は別だ。やがて経験を積み、SAS の隊員になると状況は一変し、品のある服装など、私の日常生活には何の役にも立たないものになった。事実、SAS のイギリス対テロ特殊チームのメンバーになってからは、軍服の着用を求められたことは一度もなかった。ほどなくして私は、限りなくむさ苦しい軍人らしからぬ風貌に、少なからぬ誇りを覚えるようになった。問題は、ほかのメンバーも同じ考えだったことで、その結果、全員が同じような風体となった。さながら髪を伸ばした南米の革命家の寄せ集めだ。言わせてもらえば、私たちは 1980 年代初頭の流行の最先端を走っていたのだ。

私が言わんとしているのは、軍の上層部が気にするのは部下の身なりだけ——着ているものや身に着け方、髪の長さ、あごひげや口ひげの

英国秘密情報部、通称 MI6 は、ドイツで高まる脅威に対抗して 1909 年に設立された。以来、英国の安全保障に欠かせない機密情報の収集を使命としている。

手入れといった程度、ということだ。与えられた任務を遂行できるなら、その兵士が太っていてもやせていても、背が高くても低くても、目の覚めるような美貌でも見るに堪えない不細工でも、お偉方にとってはどうでもいい。対して、秘密情報部では正反対だ。個人の容姿が非常に重要になる。とりわけ、世界を股にかけて活動するデナイアブル・エージェントになり、非友好的で危険きわまりない地域に派遣されることも多いとなれば、なおさらだ。

もちろん、シークレットエージェントに求められるのは特定の容姿だけではない。MI6には、新たなエージェントをスカウトする担当官がいて、有望な新人を探す仕事に励んでいる。一定期間の選抜訓練を受けてみないかと勧誘できそうな人物を選び出すのだ。候補者として目を付けた理由は、その人物に軍務経験があり、その間に習得した特殊技能があるからかもしれない。たとえば、偵察活動、徒手格闘術、武器の扱い、医療技術、航空機の操縦、パラシュート降下術、自己管理能力、航海術、潜水泳法、スキーなどがその一部だ。軍の経験がないとすれば、民間人としてこうした技能をいくつか習得した人物か、複数の言語に堪能な人物、世界各地を

英国バッキンガムシャーにあるブレッチリーパーク。第二次世界大戦中、連合国軍の暗号解読の拠点として使われた。ドイツの暗号機「エニグマ」と「ローレンツ」による暗号は、いずれもここで解読された。

元駐ロシア英国大使トニー・ブレントンによれば、コンプロマートは「ロシアの体制に深く組み込まれている。諜報機関は個人の評判を落とす情報を収集し、自分たちの有利になるときにそれを利用している」という。

広く旅行している人物である可能性が高い。

MI6のために働く者は、いかなる立場でも、最高に厳しいセキュリティ審査を受けなければならない。候補者は、本人の経歴はもちろん、家族や親しい友人、その両親や祖父母の経歴に至るまで、徹底的に調べられる。また、おそらく数回にわたって面接を受ける。面接をする審査官は、個人が隠しておきたいと思うようなどんな秘密でも探り出す訓練を積んでいる。彼らは、候補者のきわめてプライベートで個人的な側面について質問する。これは審査官が奇妙な性癖の持ち主だからではない。候補者がMI6で出世の階段を上っていく中で、敵対国の諜報機関から脅迫を受け、支配される危険性がないかを知る必要があるからだ。要するに、候補者に「コンプロマート」があるかを知りたいのである。

「コンプロマート」は諜報の世界でよく使われる言葉で、人を中傷したり罪に陥れたりする材料を指す。偽造や捏造、誇張をされることも多く、通常は政敵や公人を妨害したり信用を失墜させたりする目的で使われる。元はロシア語で、「компрометирующий материал」(コンプロミティィリュシュシー・マテリアル)、直訳すると「評判を損なう材料」という意味だ。

あなたがこうしたセキュリティ審査をパスした「選ばれし少数者」で、必要な技術や能力も備えているとすれば、いよいよスパイに不可欠な「トレードクラフト」を学ぶ準備が整ったことになる。だがその前に、前述したような人物像を身に付けなければならない。よく言われる「灰色の男」になるのだ。

「灰色の男」になる

ジェームズ・ボンドは疑問の余地なく世界一有名なスパイだ。このキャラクターについて、原作者のイアン・フレミングは次のように述べている。「私はボンドを退屈きわまりない面白みのない男にして、その男にさまざまな出来事が起きる話にしたかった。鈍器のような男にしたかった」。また、「彼とそのまわりにはエキゾチックな出来事が起きるが、彼自身は当たり障りのない人物」にするつもりだったと話している。現実のシークレットエージェントも、そうでなければならない。インテリジェンスオフィサーでもスパイでも、何と呼ぼうと同じことだ。退屈きわまりなく面白みもない、鈍器のように無害で当たり障りのない人物。このすべてに当てはまるのが「灰色の男」（あるいは女）である。

だがジェームズ・ボンドは、(けっして年を取らないだけに)昔も今も、とびきりハンサムで、永遠に30代半ば、酒好き、タバコ好き、女好きで、運転するのは誰もがうらやむ車だけ――人混みで目立たない人物とは、とてもいえない。残念だが、誰が見ても灰色の人間になるには、つまらない実用的な車を使い、酒を控え、禁煙し、情事を楽しむのはスパイ活動で任地に赴いているときではなく、オフの間だけにしなければならない。

われらがヒーローのジェームズと違って、おそらくあなたは悶絶するほどセクシーではないだろうし、失礼ながら、寝起きの顔はなおさらそうだろう。そして、有限な命を持つ生身の人間である以上、時の流れとともに確実に年を取る。

ジェームズ・ボンドのモデルとなった実在のスパイ、キャプテン・シドニー・ジョージ・ライリー。「灰色の男」の典型だ。

生まれるときにきれいな顔をもらう列の最後尾になってしまい、今では時の流れの残酷さを示す生き証人となった者からの、ささやかな助言と思って聞いてほしい。

まわりを見てみよう。集団から浮いて見える人にどんな特徴があるかを頭に入れ、自分はそうした特徴を消していくのだ。シークレットエージェントとして成功するには、地味な服装をし、声を抑えて口数を減らし、警戒をおこたらず、ひたすら努力して究極の「灰色人間」になる、それ以外にない。最終目標は、透明人間といえるほど、完全に周囲に溶け込むことだ。

ロックオンマーカーを逆手に取る

一般的な状況では、常に「灰色」の人物像を維持しなければならない。とはいえ、ごくまれに、このルールを破るか、いくぶん曲げてもよい場合がある。かつて頭の切れる人が、「賢人はルールを指針とし、愚か者はルールに服従する」と言ったとおりだ。あなたから目を離すまいとしている者がいたら、無意識に、目立つ特徴を目印として使うようになる。これは人間の本能だ。ロシア連邦保安庁の防諜担当官にも、人間らしいところはある。

鮮やかな赤毛、大きな団子鼻、片腕が極端に長い。こうした明らかな特徴を目印に使って、監視チームはあなたをターゲットとしてロックオンする。そのマーカーが突然消えたら、ターゲットを見失う可能性が十分にある。監視者にとっては非常に腹立たしく不名誉な状況であり、ターゲットであるあなたにとっては、これほど胸のすくことはない。

なにも、義肢や義足、偽の耳や鼻を付けたり、髪をとんでもない色に染めたりしろと言っているのではない。もっとさりげない方法は、いくらでもある。少し変わった特徴的なジャケットやコート、帽子を身に着ける。毎日同じリュックやブリーフケースを持ち歩く。新聞や傘を手に持っているだけでも、人混みでは目印になり、監視チームは対象を特定しやすくなる。あなたは、何かを目立つマーカーにすると決めたら、任務を実行するまでの数日間、偽の日課を繰り返す中で、それをしっかり人目にさらす必要がある。そして、いよいよ本題の不正行為を働く段になったら、マーカーを消し去るのだ。その頃にはすっかり見慣れた追跡者の一団を、少々手こずらせることができるだろう。

髪型やひげを利用する

髪型やひげをすばやく変えると見た目の印象が変わるので、察知されずに動き回りたいときや尾行を振り切りたいときに便利だ。経験からいって、普段から派手な髪型にするのは避けるべきだが、急に外見を変える必要が生じたときに備えて、髪型を大胆に変える用意もしておこう。かつらや部分ウィッグといったヘアピースは、持ち歩いてすぐに装着できるが、男性より女性に適している。

男性なら、あごひげや口ひげで顔の印象を簡単に変えられる。作戦で派遣される数週間前からひげを伸ばしておけば、ひげをそり落とすという選択肢が増え、すばやく効果的に見た目を変えられる。無精ひげを数日伸ばしただけで、見た目の印象はずいぶん変わるものだ。

髪を染めて、少し暗い色や明るい色にしてもいい（ただし、まったく違う色は避けるべき）。普段、ふさふさの頭髪に恵まれている人は、あごひげを伸ばしてから、上下とも完全にそり

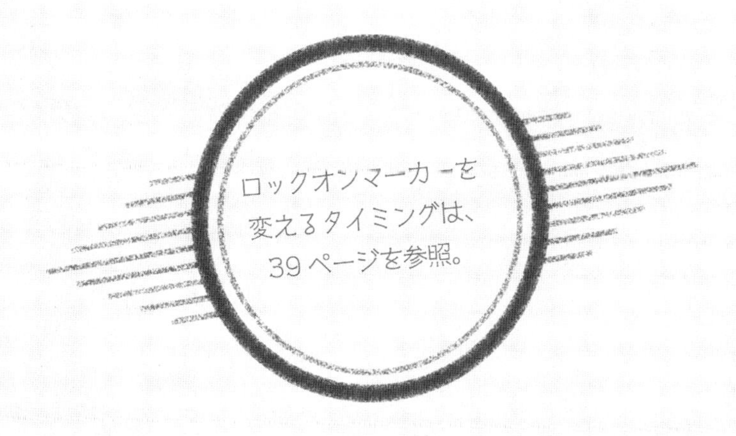

ひげを伸ばしたり髪をそり落としたりすると、似ても似つかない風貌になる。これも、基本となる「灰色」の容姿を利用して、正体を隠すひとつの方法だ。

落として、ひどい脱毛症に見舞われたらどんな容姿になるか見てみるのもいいだろう。請けあってもいい。印象が大きく変わって驚くはずだ。愕然とする人もいるだろう。突然、髪型やひげが極端に変わると、あなたの動きを常に注視している者の心に疑念が生じる。そこから、監視の網の目をくぐるチャンスが生まれるかもしれない。

メガネを利用する

度の入っていないメガネ、いわゆる伊達メガネも、顔の印象を大きく変える手段になる。安価で手に入るものは必要に応じて捨てられるし、小さいのでポケットやハンドバッグに入れて持ち歩ける。もちろん、あなたが普段メガネを掛けているなら、逆のことをすればいい。度付きメガネの代わりにコンタクトレンズの使用を検討するのだ。コンタクトで瞳の色を変えることもできる。

サングラスを使う場合は、必ず適した環境、つまり晴れた日に戸外で掛けることが重要だ。悪天候の日に掛けたり、なお悪いことには屋内で掛けたりしたら、人の注意を引くだけでなく、正真正銘の完全なマヌケに見えるので、ご注意を。

カバーストーリーに合わせる

周囲の環境に入念に溶け込むとはいえ、まず何よりも考慮すべきなのは、偽装のためのカバーストーリーに合わせること、その人物になりきることだ。これを忘れてはならない。

次のようなカバーストーリーを作り上げたとする。引退したケンブリッジ大学の元講師が、古代ペルシャの芸術に対する関心を満たすため、イランを訪れている。あなたがこの人物になるなら、それらしい服装が絶対に不可欠だ。イラン北西部ケルマーンシャー州を訪れた元講師は、岩壁に残る古代のレリーフ

任務でパルテノン宮殿を訪れる?
それなら、観光客らしい服装をすること。モデルの真似はダメだ。

に完全に心を奪われている。たとえ焼けつくような暑さでも、ロンドンのサヴィルロウにある高級紳士服店であつらえたスーツを着て、卒業校のネクタイを締めているはずだ。もしジーンズにTシャツ姿で、がっしりしたブーツを履いていたら、実は、イラク国境付近で軍事活動が行われていないかチェックしているスパイです、と告白しているも同然だ。

あるいは、テロの爆弾製造犯と判明している人物の現在地を確認するため、地中海に浮かぶコルフ島にいるとしよう。犯人がコントカリの入り江のホテルでハネムーンを楽しんでいるなら、あなたは観光客になりすます必要があり、当然、それにふさわしい服装をすべきだ。

偽名リマインダーを使う

本物のスパイが正体を隠して活動するときは、偽名が与えられ、パスポートや運転免許証など、身元を証明するあらゆる偽造書類が用意される。もしあなたが偽名で仕事をする必要があるなら、可能なかぎりこれと同様の準備を整えよう。ただし、覚悟してほしい。どれほど説得力のある書類がそろい、あなたが経験豊富であったとしても、自分が誰になる予定だったのかを忘れてしまう瞬間があるものなのだ。ほんの一瞬、ど忘れしただけでも、悲惨な結末につながり、最悪の事態さえ招きかねない。最も危ういのがストレスにさらされたときだ。長時間のフライトを終えて、入国審査や税関を切り抜けなければならないときや、警察に職務質問されたときである。逆に、それほど緊張を強いられず、集中力が途切れがちなときも、同じくらいミスをしやすい。たとえばホテルの予約をするときや、バーの支払いで署名するときだ。

間違った名前を署名するような恥ずかしい事態は避けなければならない。言い逃れをするのは難しいし、そうでなくても、よけいな注目を集めてしまう。だから、「偽名リマインダー」をいくつか用意する必要があるのだ。

腕時計をする習慣がないなら、腕時計をする。いつも腕時計をしているなら、反対の手につける。普段と違う指輪を、違う指にはめる。使い慣れないペンを、利き手ではない手でしか取り出せないポケットに入れて持ち歩く、といったことだ。私は、書けないことがわかっているペンをよく持ち歩いていた。ペンを持つ手の親指に包帯を巻くのも、その日は誰になっているのかを思い出す優れた視覚的ヒントになる。仕上げとして、常に偽の名刺をたくさん持ち歩こう。万が一にも偽名がまったく思い出せないときのためだ。

こうしたちょっとしたコツで、自分が誰なのかわからないという恥ずかしい思いをせずに済む。マズい相手に自分の本名を明かしてしまうという最悪の事態も避けられる。

事例研究：ヴァージニア・ホール

ヴァージニア・ホールは、1906年、アメリカのボルチモアで裕福な家庭に生まれ、第二次世界大戦中の貢献で、女性民間人の中で最も名誉ある勲章を授与された。ホールは狩りの最中に事故で左足のひざから下を失い、それ以来、木製の義足を「カスバート」と名付けて使っていた。そのため、真の「灰色の女」にはなれず、ドイツでは「足を引きずったご婦人」として知られていた。だが、ホールは外見を変える名手だった。ホールの伝記を書いたイギリス人作家のソニア・パーネルによれば、「ある日の午後だけで、4つのコードネームを持つ4人の女になれた」という。1944年には、マルセル・モンターニュという名のフランス人農婦になりすますため、髪を染めて白髪まじりにし、両足を引きずって歩いて義足を隠した。さらには、歯の詰め物まで、フランスの歯科医が使うものに合わせて詰めなおした。

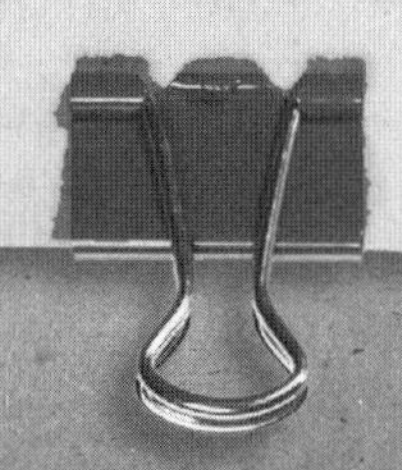

2

監視の目を逃れるテクニック

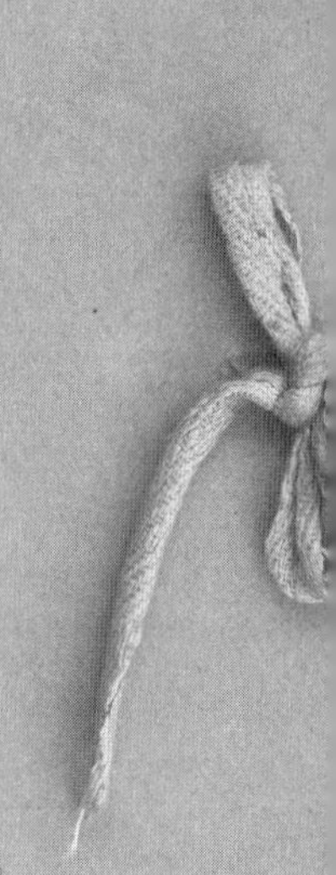

現場で活躍できるスパイになりたいなら、監視のあらゆる側面を熟知する必要がある。なかでも重要なのが隠密監視だ。単にひとりかふたりで街中をつけ回すのは監視ではないし、どう転んでも「隠密」とはいえない。政府が後押しする隠密監視は、たいてい大規模なチームで行われ、その構成員は、あらゆる形態、サイズ、外見を取る。また、乗用車やバン、バイク、自転車など、さまざまな乗り物を用意し、個人用の移動手段としてセグウェイを使うことまである。監視ターゲットが広い公園を散歩する場合に備えて、監視要員が馬に乗ったり、リードにつないだ犬を用意したりする例もある。また、地区全体をカバーできるように防犯カメラを設置して、モニターしているのはまず間違いない。都市部ではなおさらだ。チームの秘密兵器として、遠隔でも個人を特定できる航空機を使い、音も届かず姿も見えない上空から監視する場合もある。現代では、重要な極秘監視に人工衛星さえ使われている。

こうした政府機関は、あなたのような敵国のエージェントの活動を防ぐためなら、礼儀も道徳もおかまいなしだ。あなたは、遠隔操作の盗聴器にねらわれることを予想し、自分が使う電話やパソコン、その他のデバイスが、「機器干渉」の名で知られるハッキングの対象になることも覚悟する必要がある。世界には、ホテルの部屋に音声と映像による監視装置を事前に仕込み、怪しい客が来たらその部屋に宿泊させる地域もある。当局は、客の到着を知らせるようホテルの支配人に指示しておき、連絡が来たら装置を起動して、部屋の中のあらゆる動き、まさに一挙手一投足を逃さず監視する。

こうして見ると、厳重で執拗な監視の目からは片時も逃れられないと思うかもしれない。だが、知識は力だ。隠密監視のあ

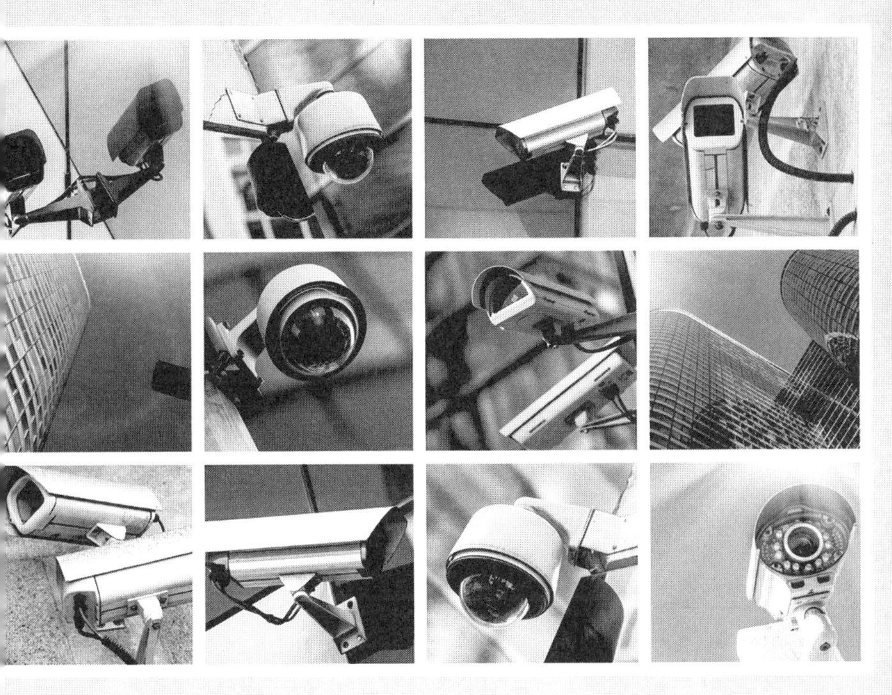

監視カメラの急増によって、人目を避けることがいっそう難しくなった。ロンドンには、14人に1台の割合で防犯カメラがあると推計されている。

らゆる側面を熟知していれば、先手を打つことができる。希望はまだあるのだ。

できるかぎり目立たないようにするコツは、すでにいくつかお伝えした。また、たとえ相手が一国の保安機関であっても、リソースには限りがある。誰彼かまわず常時監視するのは現実的ではない。必ず優先順位を決める必要がある。疑うに足る合理的理由がないと判断すれば、隠密監視の範囲を狭めるか、完全に解除するだろう。一般に、監視装置が部屋に事前に仕込まれているのは、規模の大きなホテルが多い。比較的裕福なビジネスマンが最も利用しそうなホテルだ。だから、部屋でひとりでいるときにべったり監視される可能性を減らしたいなら、それほど上品でない宿を選べばいい。市の中心部から少し離れた場所にあるようなホテルがいいだろう。

ホテルで監視される可能性を容認できる程度にまで減らせたら、次は、あなたがスパイの仕事で外出したときにどう振る舞うべきかを考えよう。

監視チームの思考パターンを利用すれば、こいつは無害な民間人だ、一日中つけ回す価値はない、と敵に信じ込ませる確率が格段に高まる。尾行を完全にまくことも可能かもしれない。そこでまず、リソースに恵まれた優秀な隠密監視チームの仕事のやり方を見ていこう。

綿密な計画

監視チームは下調べに精を出し、できるかぎり多くの情報を収集する。事前調査の時間はけっして無駄にならない。尾行の現場となりそうな場所にも慣れ親しんでおくだろう。そこを何時間も歩き回って、誘い込まれそうな難所や、監視要員が丸見えになりそうな場所を調べ上げる。また、店舗や博物館、公園などの始業・終業時刻も確認するはずだ。

カバーストーリー

優秀なチームはカバーストーリーを周到に用意する。そのときその場にいる正当な理由を作って、周囲の環境に溶け込むよう注意を払う。

監視要員は、「隠密のために目立つ」こともする。蛍光カラーのジャケットやビブスを身に着けて、工事現場や保守点検の作業員を装うのがその一例だ。

監視対象の分析

隠密監視を開始したら、ターゲットとなる人物に一定の行動パターンや変わった癖がないか、チームは必ず分析する。たとえばターゲットの歩き方や歩幅、普段の歩く速さなどだ。運転するときは制限速度を必ず守るか、あるいは時折、方向指示器を出し忘れるか。通常より強くブレーキを踏む、急発進が多い、一般のドライバーよりひんぱんにバックミラーをチェックするといったことも確認する。

尾行の開始

隠密監視で最も難しい局面は、まずターゲットを視認して、間違いないことを確認してから、尾行を開始し、完全に監視態勢が整うまでの間だ。作戦開始の前に、監視チームは建物の出口をすべてカバーしておく。ただし、建物から出てくるターゲットに気づかれずに尾行を開始できる位置で待機しなければならない。

自信

尾行が確立したら、チームは必要なだけターゲットに近づくことも恐れないし、それだけの自信を持っている。ただし、ターゲットに顔を認識された恐れがあると感じたら、そのチームメンバーは「顔が割れた」と伝えて、以降はターゲットの視界に入らないところから作戦に参加する。

優秀な監視要員は、不自然に硬直して見えない範囲で頭の動きを最小限にして、周辺視野を最大限に活用する。また、リラックスした無関心な素振りを全力で維持し、獲物と目を合わせることは絶対に避ける。ターゲット（「タンゴ1」と呼ばれることが多い）が別の人間と接触した場合（「タンゴ2」と呼ばれる）、ふたりが別れたあとも、通常、チームはリソースを振り分けるより、タンゴ1に精力を集中し続ける。

監視の目を逃れるコツ

あなたを追う敵の思考パターンを理解したら、いよいよ尾行をうまく振り切るコツを学んでいこう。

監視されていると想定する

基礎的なトレードクラフトの訓練中、MI6のインストラクターは、「たえず監視されていると想定しろ」と新人のシークレットエージェントに繰り返し教える。それは、丈の長い灰色のトレンチコートを着て、いかにも怪しげなサングラスを掛けた人物に、ぴったりつけ回されるという意味ではない。宇宙空間に浮かぶ人工衛星や、8000メートル上空で音もなくホバリングするヘリコプターからあなたの姿をとらえ、その映像がモニターに映っているかもしれない。昼間に限らず、闇夜であっても同じだ。あるいは、高層のオフィスビルや道路わきのバンから、遠隔でも音を拾う盗聴マイクがあなたに向けられているかもしれない。本当に隠密監視のターゲットになったら、優秀なチームは何度も車を乗り換え、徒歩の監視要員も次々に交代するので、あなたがその存在に気づくことはまずないのだ。

適切なテーマを選ぶ

その街で行うあなたの任務が、デッドレターボックス（64ページ）の投函・回収でも、ブラッシュコンタクト（72ページ）でも、ほかのエージェントとの接触でも、目標は監視の目の届かないところで行うことだ。よからぬことをたくらんでいると疑われないように、日ごろの行動を利用して、まったく無害な人間だと保安当局に信じ込ませる努力をしなければならな

1979年、イランの首都テヘランにあるアメリカ大使館を、イラン革命派の暴徒が襲撃した。6人のアメリカ人外交官が大使館を脱出したが、安全に出国することはできなかった。CIAのエージェントは彼らを救うため、「テーマ」を捏造した。6人は、イランで映画のロケ場所を探していたカナダ人撮影クルーということにしたのだ。この大胆不敵な脱出劇は、2012年のサスペンス映画『アルゴ』の元となった。

い。動き回る口実となる「テーマ」を決めよう。説得力があると同時に、つまらない理由なので放っておいてくれるような内容がいい。博物館、教会、アートギャラリーといった退屈な場所へ行けば、それを隠れみのにして、もっと刺激的なトレードクラフトに従事できるかもしれない。

絶対に振り返らない

後ろを振り返ると、緊張していることが確実にバレてしまう。スパイだと露見するトレードクラフトをこれから遂行しますと言っているようなものだ。だから振り返ってはいけない。まっとうな日常生活を送っている人が取る行動ではないのだから、背後に誰かいないか確認したい衝動に駆られても、自制しなければならない。

街区の３辺を続けて歩かない

自分で決めたテーマを補強するために歩いているとき、あるいは、トレードクラフトを遂行しようとしているときでもいい。ある街区の３辺を絶対に続けて歩いてはいけない。区画が終わる角で左に曲がり、すぐ次の角でまた左に曲がるのは、まったく不合理な行動だ。あなたをつけ回す番人が、建物で身を隠すために並行する道を歩いていたら、当然それと鉢合わせ

よけいな注意を引かないように、２回続けて左折する、つまり街区の３辺を続けて歩くことは厳禁だ。これをすると正体がバレて、シークレットエージェントだと露見しかねない。敵と鉢合わせする可能性もある。

する。小さな勝利を味わえるかもしれないが、それには代償が伴う。監視チームはあなたがシークレットエージェントであることを確信し、二度と平穏な時間を与えてくれないだろう。

道路を渡る機会を利用する

尾行の有無を確認していることが見え見えにならないように、さりげなく後ろを振り返る機会というのは、めったに訪れない。だが、うまくやりおおせるチャンスがひとつある。それは、道路を横断するときだ。まず、最低でも直角に曲がるときに行うこと。最適なのは交通量の多い道路を渡るときだ。立ち止まって振り返る時間を長く確保できる。ここで携帯電話を取り出して、電話に出るフリをしてもいい。横断する地点で少し長く立ち止まる口実になる。いま来た方角にはあまり顔を向けないようにしよう。代わりに横をさっと見て、視野の端で確認するのだ。

道路の向こう側を見ることも忘れてはいけない。尾行するときは、ターゲットの真後ろを歩くより、車道を挟んだ反対側を歩くのが定石だ。電話を終え、車の流れが途切れても、横断する前にゆっくり左右を確認するのは、何ら不自然ではない。背後を確認するこのテクニックは繰り返し使える。ただし、自分のテーマに合致した合理的なルートをたどることが条件だ。

絶対に走らない

隠密監視の対象になっている以上、あなたは良識的で理にかなった行動を取らなければならない。突然走り出すのはもちろん、ゆっくり走ったり小走りしたりするのも避けるべきだ。『ミッション：インポッシブル』のトム・クルーズはお手本にならない。歩く速さや歩幅を普段と変えることも、通常あまりやらない行為だ。走るとなればなおさらで、完全なるタブーと心得よう。このルールの唯一の例外は、運動のための定期的なランニングだ。これは好きなだけやってかまわない。ランニングには大きなメリットが少なくともふたつある。ひとつは、体力全般とウェルビーイングを向上できること。もうひとつは、監視チームが（運よく）ひどい体重オーバーだった場合、ついてこられなくて地団駄踏むことだ。

「絶対に走らない」というルールには、いうまでもなく例外がもうひとつある。危険が差し迫っているときは、自分の命を守るためにあらゆる手段を講じなければならない。当然、走って逃げることも含まれる。一例として、ヒッチコックの1959年のスパイスリラー『北北西に進路を取れ』に有名なシーンがある。ケーリー・グラント演じる主人公は、シークレットエージェントに間違われた無実の男だ。彼を殺害するために農薬散布用の飛行機が送り込まれ、グラントは足と知恵を使って逃げる必要に迫られる。通りかかった車を止めようとしたが失敗し、畑に隠れていると、タンクローリーがやって来て、ようやく止めることに成功した。次の瞬間、飛行機がパイロットもろともタンクローリーに突っ込んで炎上する。

ロックオンマーカーを変える

徒歩で尾行すると、人通りの多い場所ではとくに、監視対象を非常に見失いやすい。目立つ「ロックオンマーカー」でターゲットを見分けられれば、監視は楽になる。このことを頭に入れておこう。19 ページで述べたように、「ロックオンマーカー」とは、人混みの中で対象を特定する目印となるものだ。派手な色のシャツ、帽子、手に持っている傘や新聞、バッグなどがそれにあたる。姿勢（背筋を伸ばしているか猫背か）や歩き方（歩幅が広いか狭いか）のほか、片足を引きずっているといった特徴もマーカーになる。こうした特徴はどれも簡単に変えられる。もちろん、足を引きずるのが故意でない場合は別だが。とはいえ、マーカーをすぐに変えては意味がない。あなたを一時的に見失ったあと、マーカーを使ってふたたび見つけ出す経験を監視チームにさせて、それに慣れさせるのだ。どんな監視作戦でも、一瞬見失うことはめずらしくない。

マーカーを変えるのは、混雑した場所の手前で一瞬死角になりそうなタイミングがいい。たとえば角を曲がった直後だ。そこで歩き方を変える。足を引きずるのをやめる。派手な色のシャツの上に、地味なジャケットをはおる。持っていた新聞をゴミ箱に捨てて歩き続ける。そして人混みにまぎれ込むのだ。あわよくば監視チームをまいて、誰にも見られずに仕事に取りかかることができる。

ロックオンマーカーを逆手に取れば、自分の姿をさらしつつ、ありふれた風景の中に身を隠すことができる。マーカーを変えて、人混みの中に消えるのだ。

ロックオンマーカーを使うときは、監視チームがそれを目印にして追跡することに慣れるまで、十分に時間をかけること。マーカーを変えるタイミングが早すぎても遅すぎても、任務に影響しかねない。

3

車両で監視するテクニック

この章では、車両を使って監視を行うコツやテクニックをいくつかお伝えする。車両による尾行は、通常「モバイル」と呼ばれる。逆に、ターゲットを追うために車を降りて、徒歩で尾行したら、「フォックストロット」[社交ダンスの一種で、大股で歩く動作を基本とする]に切り替えたことになる。

有能な監視要員は、隠密作戦中、いつでも車を降りて「モバイル」から「フォックストロット」にすばやく切り替えられるよう、準備を整えている。これは、ひどく混雑した歩行者エリアにターゲットが姿を消した場合、一瞬でもその姿を見失ったら、たちまち完全に見失いかねないからだ。監視チームにとっては何としても避けたい事態である。

平均的な規模の隠密監視チームは、だいたい次のような構成

> 対監視テクニックは、自分が監視下にあるという確証を得たときに実行するものだから、たいていアドリブが必要になる。たとえば、エレベーターに乗ってジャケットを脱ぐ(あるいは着る)、ふいに大通りを離れて静かなわき道に入る、といったことだ。そうやって監視チームから一瞬姿を隠す。完全に姿をくらますことができれば、さらにいい。短くまとめれば、「敵の監視活動をひそかに妨害あるいは阻止するトレードクラフト」といえるだろう。

だ。監視要員14人、隠しカメラや目立たない通信機器を搭載した車両5台、高解像度の撮影機材一式を積んで偽装した監視用バン1台、バイク2台、あとは自転車が1、2台加わることもある。

MI6のエージェントは、全員必ず監視活動と監視対策の訓練を積んでいる。隠密監視の実動チームの一員として訓練に参加し、そのメソッドの実習を積むことは、いざ敵国に派遣されたときに、対監視テクニックを適切に使いこなす最善の準備になるのだ。

これだけのリソースを個人が用意するのは難しいかもしれないが、監視の際には、訓練を積んだ信頼できる目が多いに越したことはない。

距離を取る

隠密監視では、チームメンバーの最低でもひとりが、ターゲット（「タンゴ」と呼ぶ）を常に「目視」する。これは、徒歩（フォックストロット）の要員でも、車やバン、バイク、自転車、ヘリコプターに乗っている者でも、監視カメラの担当者でもかまわない。残りのチームメンバーはターゲットが見えない位置にとどまり、「目視」しているメンバーからの実況に耳を傾ける。

タンゴが動き始め、車に乗り込んだら、「モバイルになった」と伝達される。ここからモバイルチーム全体でタンゴの尾行を開始する。といっても、たとえば8台の車両がタンゴの後ろ

説明したように、ターゲットの視界に入らないためには、十分な距離を取ることが不可欠だ。そうでないと勘づかれてしまう。

その失敗例を（少々大げさではあるが）見事に描き出したのが、1971年の名作『フレンチ・コネクション』だ。映画は、潜入捜査中の刑事が殺し屋に撃ち殺される場面から始まる。そのあと、刑事の監視に気づいたターゲットが地下鉄に飛び乗って逃げ去るシーンがある。「ポパイ」ことドイル刑事（写真）は、もう少しさりげなく尾行すべきだった。そうすれば、その後の非常識なカーチェイスもやらずに済んだかもしれない。もちろん、監視を慎重に行うところを見せても、あれほどスリリングな見せ場にはならなかっただろうが。

に1列に並んだのでは意味がない。並行する複数のルートに分かれるほうが普通だ。一部のメンバーは先回りして、タンゴが近づくのを待ち、必要なら指揮権を引き継げるようにする。

ここで重要なのが間隔だ。先頭の車両はタンゴの車両から目を離してはならないが、ターゲットに気づかれない程度の距離を保つ必要がある。「目視」しているメンバーとターゲットとの間には、常に一般車両を2台挟むのが理想だ。前を走る車両が1台、あるいは2台ともルートを離れて、チームメンバーがタンゴから丸見えの状態になった場合は、「ハンドオーバー」、つまり引き継ぎを行うタイミングである。これについては次項で説明する。

ハンドオーバーを行う

モバイル尾行では、常に最低でもひとりのチームメンバーがターゲットを目視し、チームを指揮する。タンゴがどこにいるか、どこに近づいているか、その移動速度や考えられる意図などを、残りのメンバーに実況するのだ。残りのメンバーは、無線網（携帯電話で同時通話をしている場合は電話回線）での発信は極力控えて、聞くことに専念する。その間に、別のチームメンバーが「バックアップの準備完了」と宣言する。「バックアップの準備完了」あるいは「バックアップになる」とは、いつでも指揮権を引き継げる配置についた、という意味だ。先頭車両のメンバーは、ある程度長く指揮をとり、タンゴが監視を疑う恐れがあると感じたら、バックアップに指揮権を引き継

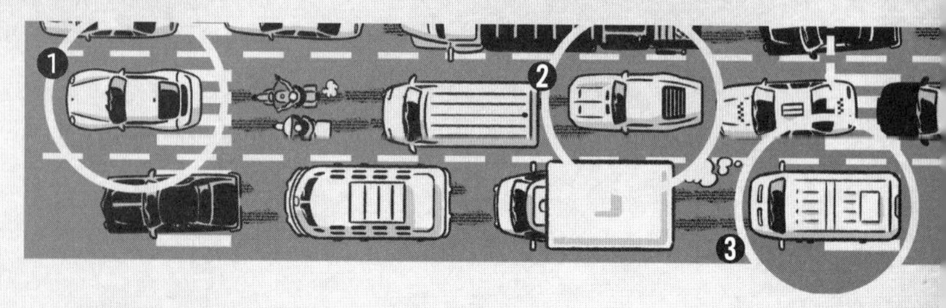

モバイル尾行の成功にはハンドオーバーが欠かせない。走行中のタンゴ❶の後ろに、距離を取って先頭車両❷が続き、タンゴを監視し続ける。タンゴに尾行を疑われる事態に備えて、「バックアップ」車両❸は先頭車両からの「ハンドオーバー」、つまり指揮権引き継ぎの準備を整えておく。

ぐ。これがハンドオーバーだ。その場合は、また別のチームメンバーが配置について、「バックアップになる」と宣言する。これを繰り返しながら尾行するのだ。

ハンドオーバーの回数は多いほどよい。この原則に従って、ときには1、2分間隔で、定期的に交代する。また、さまざまなタイプの車両に引き継ぐのが望ましい。指揮権を握る車両の位置は、必ずしもターゲットの2台後ろに限らない。見晴らしのよい場所に停車していてもいいし、タンゴの前を走行して、前方から指揮をとってもいい。

「舗装とタイヤ」を忘れない

このちょっとしたコツは、あなたが監視チームの一員になったときにも、重要な施設の破壊工作に向かっているときにも、あるいは単純に渋滞で足止めを食いたくないときにも役に立つ。車の流れはさまざまな原因で止まることがある。交通事故や故障車両、道路工事など、ほとんどは他意のない理由だ。しかし、あなたがシークレットエージェントなら、何らかの悪意が働いているのではないかと疑わずにはいられない。自分が待ち伏せの標的になっている可能性もある。

だから、前の車両が停止し、自分も止まらざるを得ないときは、必ず「舗装とタイヤ」というフレーズを思い出すこと。この簡単な対策で、停止するときに、運転席から前車のリアタイヤがすべて見え、さらに自分との間に道路の舗装も少し残る位置で止めることを忘れずに済む。「舗装とタイヤ」が見える車間を確保しておけば、停止車両をよけて方向を変え、危険から逃れることが可能になる。

フルスピードで後退する

モバイル監視には、渋滞で遅れる危険がつきまとう。あなたがターゲットからもチームメンバーからも大きく遅れたら、完全な役立たずになってしまう。ただちに渋滞から抜け出して、作戦に戻ることが急務だ。

前方の車の流れが徐々に止まり始め、ターゲットは動いているのに、自分は遅れるか完全にストップしそうだとわかったら、前にいる車をよけて、その場をすばやく離れるのが、おそらく最も速くて確実な方法だ。停止車両の周囲に通過できる空間がない場合は、フルスピードで後退して、渋滞エリアを離れることも検討しよう。その方法は以下のとおり。

❶ギアをリバースに入れる。❷シートベルトを外し、体をひねってリアウィンドウから後方を確認する。❸ステアリングを横切るように前腕を固定し（右ページを参照）、❹アクセルを踏み込む。危険のない場所まで出たら、ハンドブレーキターンを決め（次項を参照）、マニュアル車なら1速に、オートマ車ならドライブに入れて、全開で走り去る。派手な砂ぼこりが舞い上がれば完璧だ。

SE LOCK & KEY
HONK
1
P RNDS I
2
3
4

ハンドブレーキターンを使う

ハンドブレーキターンは、オートマ車よりマニュアルシフトの車のほうが断然やりやすい。しかし、今やオートマ車のほうが圧倒的に多くなり、マニュアルの操作に慣れた人は減っている（残念だ）。そのため、オートマ車でのハンドブレーキターンに絞って説明する。

ハンドブレーキターンができると、トラブルから抜け出すときや、連続するきついコーナーをフルスピードで駆け抜けるときに、非常に重宝する。自分には手に余ると尻込みする人もいるだろうが、実のところ、少し練習すれば楽勝だ。その方法は次のとおり。

片手をステアリングに置き、完全に１回転させられるように握る。反対の手をギアシフトに置く。❶タイミングを合わせて、踏み込んだアクセルを少し戻すと同時にギアをニュートラルに入れ、❷ステアリングをできるだけ大きくすばやく切る。❸間髪入れずにハンドブレーキを強く引き（フットブレーキなら踏み）、後輪をロックさせる。

❹スピンが始まったら、ステアリングを徐々に戻して、前輪を進行方向に向ける。これで、車はもと来たほうを向いているはずだ。イギリス流にいえば「arse about face」（ケツが顔のほうを向く）。

1
N
R135
24
2
3
4
screeeeee

4

移動の安全を確保するテクニック

1994年、英国秘密情報部（Secret Intelligence Service、略して SIS）を規定する法律が政府によって提出され、国会で可決された。この法律は、SIS の存在理由のひとつを「イギリス諸島外部の人間の行動または意志に関する情報を入手し、提供するため」と規定している。こうして、国民に害を与える意図が疑われる国外の人間から国を守ることが、SIS の責務として新たに明記されたのである。

SIS は、1909年の設立以来、軍事情報部第6課（Military Intelligence Section 6）、略して MI6 という名で知られていたが、公式に存在が認められたのは、このときが初めてだった。この法律で正式な機関として認定され、英国女王陛下の秘密情報部という立場も与えられたわけだが、いまだに MI6 と呼ばれることのほうが多い。自分は MI6 の内情に通じており、実はシークレットエージェントだとほのめかしたがる人がいる。そういう人たちは、ロンドンにある会員制高級クラブの重厚な応接間で、ブランデーをちびちびやりながら、秘密だよとウィンクして、MI6 を「The Firm」（会社）と呼ぶ。本当に SIS で働いている人々は、それほど芝居がかった素振りはせず、単に「The Office」（職場）と呼ぶ。

MI6 の基本的役割は、地球上の隅々から機密情報を収集することだ。エージェントがひそかに活動する場所は、ほぼ例外なく国外である。対して、同じ情報機関でも MI5 と呼ばれる英国保安局は、イギリス国内で活動することが多い。

MI6 のシークレットエージェントである以上、派遣される場所に制限はない。世界各地にあるイギリスの大使館、領事館には、必ず SIS の担当者がいる。デナイアブル・エージェントを派遣できない場所は地球上には存在しない。インテリジェンスオフィサー（I.O.）の場合、主な勤務地はロンドンのテムズ河岸に建つSIS本部だ。多数ある海外拠点に派遣されると、通常、何らかの外交官だと受入国に伝達される。

一方、デナイアブル・エージェントは、I.O.から課された任務を帯びて（ある程度の統制も受けつつ）海外で活動するが、その存在は受入国にも、ほかの誰にも伝達されない。また、エージェントは偽名で活動する必要があるため、常に名前ではなく数字で呼ばれる。ジェームズ・ボンドが創作された頃は、コードナンバーはまだ少なかった。だから「007」となったのだ。現在ではコードナンバーの数は増え、3桁ではなく4桁になっている。

スパイの生活のかなりの部分が移動に費やされる。移動中は、スパイであることが発覚するリスクに敏感にならざるを得ない。空港や駅のように管理された空間では、危険に対して脆弱になるからだ。偽のパスポートを持っていることが空港や駅、あるいは飛行機や列車の中でバレたら、安全な場所まで逃げおおせるのは容易ではない。そこでこの章では、旅にひそむ危険をかいくぐる秘訣をいくつかお伝えする。

MI6の本拠地、ロンドンにあるSIS本部ビル。1994年に完成し、いくつものボンド映画に登場している。MI5の本部であるテムズハウスは、川を挟んだ対岸に建つ。

ドライクリーニングを行う

外国へ派遣される前に、ロンドンにあるセーフハウスのひとつに呼び出されることがある。さまざまな組織による綿密な作戦会議に出席し、作戦に影響する可能性のある最新の機密情報について、詳細に説明を受けるのだ。あるいはただ、世界の果てのような場所へすぐさま飛び、そこで次の指示を待て、とだけ書かれた暗号文を受け取る場合もある。いずれにしても、旅に出る前に必ず行うべき作業がいくつかある。そのひとつが、ちょっとした「ドライクリーニング」だ。

まず、荷物は手荷物として機内に持ち込める容量に抑え、必ずビジネスクラスを選ぶこと。そのほうが機内持ち込みの容量が大きい。次に、旅先で着るものや使うものを、それを入れるバッグも含めて、ひとつ残らず目の前に並べる。そして恒例の「ドライクリーニング」を開始する。バッグの隅々から、あらゆる衣服のポケットに至るまで、入念にチェックする。財布やハンドバッグはすべて中身を出し、本や書類の間もくまなく見る。こうやって、本当の身元を明かす証拠が何ひとつ残っていないことを確認するのだ。この作業が終わったら、次はラップトップやタブレット、携帯電話といった電子機器についても、正体を示唆したり裏づけたりするものをすべて消去する。

ドライクリーニングの仕上げとして、偽名が書かれた古いレシートを握りつぶして、ポケットやバッグの隅に突っ込んでおくといい。このレシートは、警察にあなたの荷物を調べられたときに、本当に名乗っているとおりの人間だと信じ込ませる材料になるかもしれない。

REPÚBLICA DOS ESTADOS UNIDOS DO BRASIL

MODÊLO S.C. 139

FICHA CONSULAR DE QUALIFICAÇÃO

Esta ficha, expedida em duas vias, será entregue à Polícia Marítima e à Imigração no pôrto de destino

Nome por extenso Juan Pujol Garcia

Admitido em território nacional em caráter Temporário (temporário ou permanente)

Nos termos do art. 25 letra A do dec. n. 3.010, de 1938

Lugar e data de nascimento Barcelona em 14/ 2 /1912

Nacionalidade Espanhola Estado civil casado

Filiação (nome do Pai e da Mãe) Juan Pujol Pena e de Mercedes Garcia Guijarro Profissão Escritor

Residência no país de origem Rua Nueva nº 26, Lugo-Espanha.

	NOME	IDADE	SEXO
FILHOS MENORES DE 18 ANOS	Juan Fernando	mezes	Masculino

Passaporte n. 892 expedido pelas autoridades de Consulado de Espanha em Lisboa na data 12/9/1940

Consulado Geral do Brasil em Lisboa

de de 1941

O CÔNSUL GERAL:

ASSINATURA DO PORTADOR

Juan Pujol Garcia

NOTA — Esta ficha deve ser preenchida à máquina pela autoridade consular, sendo as duas vias em original.

事例研究：フアン・プホル・ガルシア

偽名を名乗るのはひとつでも楽ではないが、なかには十数人の架空の人間を創作したスパイもいる。フアン・プホル・ガルシアは、第二次世界大戦中にMI5のメンバーとなり、その演技力から女優グレタ・ガルボの名を取って、「エージェント・ガルボ」と呼ばれた。彼はMI5に加わるまで、英国のために独立して活動する二重スパイだった。イギリスの旅行ガイドブックをはじめ、数冊の雑誌や資料の情報を元にして、スパイのネットワークを構築したとドイツに信じ込ませた。ロンドンでイギリスの機密情報を収集していると見せかけて、実際はリスボンで活動していたのである。最終的にはMI6のエージェントとともに任務にあたり、ノルマンディー上陸作戦について、偽の情報をドイツに提供した。連合国の攻撃はノルマンディーではなくパ・ド・カレーに集中するとヒトラーに信じ込ませたのは、ガルボの功績によるところが大きい。

支払い方法

移動中は、常に適切な額の現金を持ち歩いたほうがいい。当然、通貨は世界のどこへ派遣されるかで変わってくるが、私の経験からいって、米ドルならほぼどこでも受け入れられる。適切な額とはどの程度か。それは自分で判断するしかないが、やや余裕のある少額、訪問する1国あたり300ドル程度にしておけば、そう的外れではないだろう。また、デビットカードやクレジットカードは、限度額を十分に上げておくこと（最低でも1万ドル)。多くの国、とくにアフリカや南米では、20ドルの「チップ」でお役所仕事が円滑になり、税関などの公的手続きにかかる時間を大幅に短縮できる。ただし、現金が多くなりすぎないように注意しよう。国境で通貨の持ち出しを制限している国が多いことを忘れてはいけない。足止めされたり詮索されたりする面倒は、どんなときにも避けるべきだ。

また、航空券を現金で購入してはいけない。支払おうとすることさえ厳禁だ。そんなことをすれば、犯罪者かテロリストの可能性があると航空会社に目を付けられる。クレジットカードで支払うのが最も無難だが、その旅で名乗る偽の名義のカードを使うことを忘れないように。オンラインや地元の旅行会社で予約すれば、持ち歩く書類の中に偽の名前と住所を記載したものがひとつ増え、カバーストーリーの厚みが増すという利点がある。

空港でのチェックイン

空港で職員と対面してチェックインするのは、やむを得ない場合を除いて避けるべきだ。ケアレスミスで正体がバレたり、そうでなくても何かしら疑われる機会が増えるだけである。それに、並んで待たなければならないこともある。誇り高きシークレットエージェントにはふさわしくない。チェックインはオンラインでもできるし、旅行会社に頼めば自分でやらずに済む。

荷物を預けるのも避けるべきだ。到着後にターンテーブルで待たなければならないし、自分の目の届かないところで荷物を調べられる可能性もある。座席は、ほかの乗客からできるだけ離れた場所を探そう。ビジネスクラス（63ページも参照）が取れなかった場合、エコノミークラスで一番人気がなくて空席が多いのは中央列だから、そこを選べばひとりの時間を満喫できる可能性が最も高い。シークレットエージェントであるかどうかにかかわらず、うれしい特典だ。

身分証明書を確認する

MI6のために働いた18年間で、私の偽の素性は合計5人にまで増えた。それぞれに確固たる経歴と、私が何カ月もかけて築き上げた深みのある人物像があった。本当の身分証のほかに、5人分のパスポート、運転免許証、キャッシュカード、財布、名刺、身の回り品があり、私は5個の容器に分けて金庫の中に保管していた。ありえないと思うだろうが、私は間違った身分証明書を持って空港のチェックインデスクに行ったことがある。当然ながら、あわてて言い訳をするはめになり、そのフライトはあきらめなければならず、任された作戦全体を危うく台なしにするところだった。けっして過信してはならない。持っていく身分証明書がすべて正しいものかどうか、確認に確認を重ねるのだ。ささいなミスでも、恥ずかしい思いをするだけならまだしも、長い目で見たときに非常に高くつき、命取りにさえなりかねない。

身分証明書を間違えたときの「言い訳」の例がほしい？
では、ふたつ挙げておこう。

❶「しまった。昔のパスポートを持ってきてしまったようです。家をあわてて出たものだから。それは、名前を変える前に使っていたものです。家に引き返して、フライトまでに変更後のやつを取ってこられるか、やってみます」

❷「ええ、それが私です。予約の名前が間違っていたんです。フライトを逃すより、そのまま名乗ったほうがいいかと思ったので」

ここで肝心なのは、何でもいいから混乱させて、パスポートを取り返すことだ。黙って手を差し出して、パスポートを返してくれると思っていることを、発券カウンターの職員に落ち着いた態度で示すだけで、うまくいく場合もある。パスポートを取り返したら、目立たないように気を付けながら、急いで空港を出る必要がある。

会話を避ける

人間には、隣に座った者と会話をせずにはいられない衝動があるらしい。長距離フライトではとくにそうだ。数時間もすれば、たいてい疲れて集中力が切れ、気がゆるんでくる。そうした状況では、あとで自責の念にさいなまれるような話をしてしまいがちだ。誰もが知っているように、一度言ってしまったことは二度と取り消せない。

好むと好まざるとにかかわらず、あなたはSISの管理官に対し、詮索好きの旅仲間との会話を避ける義務を負っている。重度の難聴で一言も話せないフリをする手もある。あるいは、セルビア・クロアチア語のカイ方言のような、無名の方言しか話せないフリをするという常套手段を試してもいいだろう。こうした方法はちょっと極端だ、真に迫った演技をする自信がないという人は、常に本を読んだり、寝たフリをしたり、両耳をヘッドフォンで覆って機内映画を見たりすればいい。もっと断固とした態度を示したいときには、こうした手段を一度に採用するのもアリだ。雑談をする気分ではないことが相手にはっきり伝わるだろう。

旅程を変更する

シークレットエージェントを外国に潜入させる方法も、そこから撤収させる方法も、いくらでもある。機密レベルが高いときには、専用の飛行機やヘリコプター、モーターボート、ヨット、潜水艦まで使って、ひそかに送り込まれる。そうはいっても、ほとんどの場合は公共交通機関を使う。最も多いのは定期航空便だ。いうまでもなく、どこにでもいるビジネスマンや自撮り好きの観光客を装って乗り込む。

エージェントが最も危険にさらされるのは、外国や個人宅に侵入して不正を働くときだと思うかもしれない。だが実のところ、最大の危機は帰途にひそんでいるのだ。任務を完了し、あらゆる危険が去ったと思っているときこそ、危険は現実のものとなる。わずかに気がゆるんだ結果、気づいたら監獄に入れられて取り調べを受けているという事態になりかねない。そうなったら、地元のパブでドライマティーニを楽しむのも（もちろんステアではなくシェイクで）、夢と消える。

こうした危険を避けるには、ぎりぎりのタイミングで旅程を変更することもひとつの手だ。常にビジネスクラスを買って、面倒を起こさずに変更できるようにしておく。そして、突然の変更については誰にも教えない。チームの一員として任務にあたったときは、チームメンバーにすら隠しておくべきだ。また、決まり切った直通ルートで帰国するのではなく、途中で1泊したり、列車で移動したりする方法もある。購入する切符が増えたとしても、費用を気にせずに買えばいい。ようやくロンドンに戻ったときに、経費を払う雇い主はいい顔をしないだろうが、そんなことを気に病む必要はない。私は一度も気にしなかった。

5

デッドレターボックスのテクニック

MI6のインテリジェンスオフィサーやエージェントの基本的役割は、機密情報を収集し、それを伝えることにある。非常に有用で重要と見られる機密情報をエージェントが入手しても、自分の胸にしまっておいたのでは意味がない。ロンドンの管理官たちがその情報を分析して、必要なら何らかの措置を取れるように、どうにかして伝達しなければならない。あなたがこうした行動をひそかに取る必要に迫られたとき、人に気づかれずに情報を受け渡す方法を知っていれば、おおいに役に立つ。

第一次世界大戦の頃から、敵に奪われることなく、戦地のエージェントから本国へ機密情報を伝達することは、解決の難しい課題だった。無線やほかの電気信号による通信では、当時も今も簡単に傍受されてしまうので、シークレットエージェントは情報を文書の形にして引き渡す必要がある。メッセージを紙で送れば、略図や配線図などを容易に入れられることも大きな利点だ。

イギリスの特殊空挺部隊（Special Air Service）、略してSASは、第二次世界大戦中に創設された。1940年には特殊舟挺部隊（Special Boat Service）、SBSも生まれた。では、SPSの名を聞いたことはあるだろうか。SPSも、第二次世界大戦中に結成された特殊部隊だ。ちょっとした逸話を使って紹介したい。

2012年に、イングランド南東部の田舎町ブレッチングリーで、男性が自宅の煙突を修理していた。壊れた煙突からゴミを取り除くと、その中に骸骨があった。鳥の骸骨だ。不思議なことに、その片脚には小さなキャニスターが付いており、これを開けると、中に薄い紙片が入っていた。紙に書かれていたのは暗号文で、実は第二次世界大戦中に敵陣からエージェントが送った機密報告書だった。見つかった鳥の死骸は、イギリスの特殊ハト部隊（Special Pigeon Service）、略して SPS のメンバーだったのである。

戦時中、志願したイギリスの伝書バトのブリーダーたちが、この新設部隊のために 20 万羽を超える若いハト（スクワブとも呼ばれる）を無償で提供した。イギリス空軍は、陸軍諜報部隊および MI6 と協力し、ヨーロッパ大陸の敵の支配地域に、パラシュートで「軍鳩（ぐんきゅう）」を投下した。こうして地上のシークレットエージェントは、手書きのメッセージをキャニスターに隠し、帰巣本能のあるハトに取りつけて本国へ送ることが可能となった。この作戦は大成功を収め、文書で機密情報を伝達する重要性があらためて実証されたのである。SPS の多くのハトには、動物に贈られる最高の勲章が授与された。イギリスの叙勲制度で最も名誉ある最高章、ヴィクトリア十字章に相当するものだ。

情報を文書の形で渡すなら、もっと実用的なメソッドがある。それは、デッドレターボックスを使うことだ。デッドレターボックス（デッドドロップとも呼ばれる）は、たとえばケースオフィサーとエージェント、エージェントとエージェントなど、ふたりの人間が情報や物品を受け渡すときに使うトレードクラフトだ。ふたりが直接顔を合わせずに済むように、秘密の受け渡し場所を使うのである。デッドレターボックスは 100 年以上前に完成した手法だが、現在でも使われることがある。授受するものは機密情報だけでなく、金銭、武器、電子機器など、さまざまだ。本章で説明するポイントを知れば、その仕組みや模倣の仕方が理解できるだろう。

身近な環境を利用する

デッドレターボックス（DLB）を使う目的は、ある人間から別の人間へ情報を伝えたり、諜報活動で使う物品を渡したりする際に、できるかぎり人目を避けるためだ。したがって、民間人にも、警察、保安機関、他国の諜報員にも気づかれずに、アイテムを隠したり回収したりできる場所を選ぶ必要がある。何の不信感も呼び起こさないように、すべてにおいて日常的な行動やありふれたものを利用しなければならない。見慣れた環境に完全に溶け込んでいるなら、何でもデッドレターボックスになる。空き缶、木の幹に開いたうろ、簡単にレンガが外れる壁の穴などが代表的な例だ。

また、マイクロフィルムや金銭、書類、メモ、略図などを隠すために、「DLB スパイク」という道具が何十年も前に開発された。これは、くさびの形をした完全防水の容器で、柔らかい地面に押し込むことができ、回収されるまで水中に沈めておくことも可能だ。

❶木のうろは DLB として使いやすい。❷レンガ壁に緩んだ箇所があれば、ひそかにアイテムを隠しておける。❸防水の「DLB スパイク」なら機密情報を地中に隠すことができる。

ランインマーカーを使う

「ランインマーカー」とは、デッドレターボックスに何かを置いた、つまり「投函済み」だと伝える合図のことだ。また、DLBの中身を回収してよいという合図にもなる。どんなものでもランインマーカーになる。事前に決めた場所に食べる前のガムを置く、公園のベンチや壁にチョークで印を付ける、コーラの空き缶の横に決まったブランドのタバコの箱を置く、といった調子だ。

指定された家の前を通過しながらランインマーカーを探すように求められる場合もある。特定の場所に車や自転車が止まっている、電気がついているか消えている、煙突から煙が上がっている、「おばあちゃん」が玄関先のポーチに座ってパイプをくゆらせている、などである。想像力次第でアイデアは無限にある。ただし、一般人の注意を引かないことが条件だ。パイプを吸うおばあちゃんは微妙なところだが。

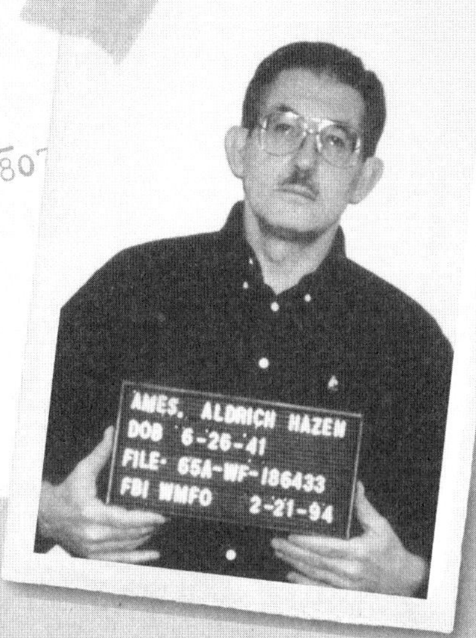

事例研究：オルドリッチ・エイムズ

1994年にスパイ行為で有罪となった元CIA職員のオルドリッチ・エイムズは、ソ連のKGBのために働く二重スパイだった。KGBのハンドラーと連絡を取るときは、もっぱらデッドドロップを使い、郵便ポストにチョークで印をして、DLBに情報を隠したことを知らせた。見返りとして、KGBから多額の報酬を受け取っていた。エイムズは9年近くもの間、CIAに気づかれずに活動を続けた。しかし、CIAが内通者の存在に気づいてからは、流出したデータにアクセスしていたこと、銀行口座に説明のつかない多額の入金があったことから、容疑者リストの筆頭に挙げられた。

場所を選ぶ

有効なデッドレターボックスを作るには、投函・回収する姿を人に見られる可能性が最も低い場所を選ぶ必要がある。自分は監視下にあると想定することを忘れてはいけない。建物が密集した都市部なら、角を曲がっただけで監視チームの死角になる可能性が高いから、そのときに設置するチャンスが生まれる。理想的なのは、腰を曲げたり背伸びしたりせずに「小包」を置ける、腰の高さにある場所だ。田舎の場合、森に入ってすぐの場所や、道から少し外れた場所が最適だと判断するかもしれない。しかし、木はどれも同じに見えるので注意が必要だ。あとで混乱する恐れのないものを選んで、回収者がDLBを見つけるまでに時間がかかる事態は防がなければならない。無駄に時間を費やしたせいで回収者の正体がバレて逮捕されたら、作戦が台なしになり、デッドレターボックスの重要な内容品が敵の諜報機関の手に落ちる恐れもある。

CIA によれば、冷戦時代にモスクワに配属された職員は、デッドドロップの実行にひどく苦労したという。偽のレンガや石といった一般的なものもよく使われたが、ほかの人間ならまず拾い上げないものも CIA は利用した。死んだネズミやハト、車にひかれた動物などだ。苦痛のない方法で殺した動物の死骸に、スペシャリストが人工の空洞を作り、丸めた紙幣やフィルムなどを詰め込めるようにした。この手製の DLB をネコやほかの動物が持ち去らないように、死骸にはしばしばチリソースがかけられた。

6

ブラッシュコンタクトのテクニック

ふたりの人間が直接すばやく物品を受け渡すことを「ブラッシュコンタクト」と呼ぶ。通常、情報機関や諜報活動に関わる要員の間で行われ、必ず事前に打ち合わせをしておく。物品の受け渡しは秘密裏に行い、それを目撃した人がいても、受け渡しが行われたとはまったくわからないようにする。

ブラッシュコンタクトで最も難しいのは、ひそかに物を渡す行為だ。この行為は「ドロップ」とも呼ばれる。リレーのバトンパスと同じで落としやすく、床に落ちた音が元で、自分も接触相手も逮捕されるという結末もありえる。「ブラッシュ」とは「一瞬軽く触れる」という意味で、その言葉どおり、ふたりがすれ違う瞬間や、並んで歩きながら接近した瞬間に、物品を受け渡す。理想的なのは混雑した場所で行うことだ。敵に監視されていても、関係のない一般人が多少の目隠しになってくれる。

受け渡しの相手を間違いなく特定するために、両者が事前に取り決めたものを手に持ったり、特定の衣類を身に着けたりするのも、よく使うトレードクラフトだ。あるいは、ブリーフケース、新聞、ショッピングバッグなど、ふたりがまったく同じアイテムを持つ場合もある。その片方に情報を隠して一定のペースで歩き続け、ブラッシュコンタクトの瞬間にアイテムを交換する。すると離れたあとも、接触する前と同じものを持っているように見える。偶然に見せかけて「うっかり」ぶつかるのは、ドロップを成功させる上で不可欠と判断したときだけだ。

ブラッシュコンタクトの中でも難しいのが、最大でもタバコの箱程度の小さな物品を、手から手へ、あるいは手からポケットへ渡す方法だ。トランプのいかさま師や手品師並みに手先が器用でないと失敗しやすいが、ほかの方法にはない利点もある。受け渡しを完了してふたりのエージェントが歩き続けるときに、手に何も持っていないので、隠密監視チームに追跡の目印として利用されることもないのだ。

ここから、ブラッシュコンタクトを使いこなすためのメソッドや注意点を紹介する。

決行時刻を決める

ブラッシュコンタクトの計画を立てるときは、受け渡しの時刻を厳密に決める必要がある。シークレットエージェントは世界中の異なるタイムゾーンで活動しているので、時刻は必ず「ズールー」で指定する。

理屈の上では、地球の表面を経度で15度ずつに分割すれば、24のタイムゾーンに分けられる。現在地の経度さえわかれば現地時間をいつでも計算できるならいいのだが、残念ながら、国ごとに物理的な形が異なるので、そう単純にはいかない。

世界中で活動する職種、たとえば航空、船舶、そしてスパイの分野では、混乱を避けるため、必ずUTC（協定世界時、別名「ズールータイム」）で時刻を表す。UTCは、かつてはGMT（グリニッジ標準時）として知られていたとおり、ロンドンのグリニッジ天文台を通過する子午線を基準としている。UTCで時刻を表すときは、24時間表記を使い、末尾に「Z」を付ける。たとえば「10時15分」は、「1015Z」となる。

計画で時刻を指定するときは、区切りのよい時刻は避けるようにしよう。たとえば1100Zではなく、1056Zにブラッシュコンタクトを行うことにするのだ。さらに悪い、プロとはいえない伝達例は、「11時きっかりでお願い。遅れないでよ」。

4つの時計はすべて水曜日の「0315Z」を示している。

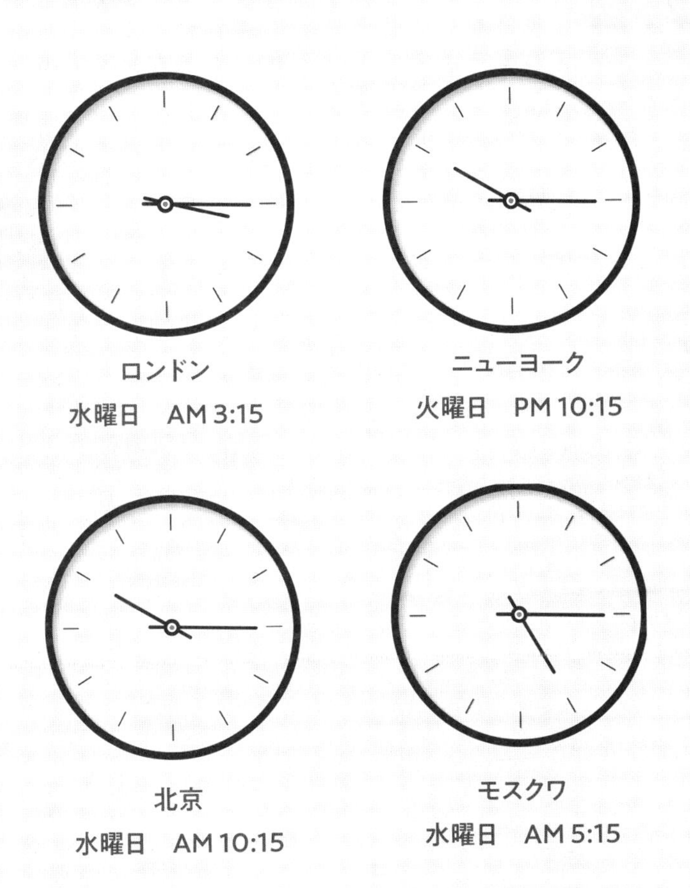

エスカレーターやエレベーターを使う

エスカレーターとエレベーターは、ブラッシュコンタクトをする絶好の機会になる。エスカレーターで上まで行ったときは、左右どちらに体を向けてもごく自然だし、後方も一瞬見る。監視チームはしばし立ち止まらざるを得ないので、一瞬、誰にも見られずにドロップを行うチャンスが生まれる。

とくに数十階建ての高層ビルでは、エレベーターの中で仲間のエージェントと落ち合うことができる。それだけでなく、あなたを尾行する者を特定するチャンスにもなる。ターゲットから目を離さないために、尾行要員もエレベーターに乗るしかないからだ。このようにして尾行が疑われたら、ドロップを中止して、もっといい機会に延期することもできる。

ショッピングバッグやカートを使う

手渡すときにもたついたり、渡したい情報を落としたりしたら、新たなジェームズ・ボンドというよりミスター・ビーンになってしまう。こうした屈辱を味わうリスクを減らしたいなら、ショッピングバッグやショッピングカート（イギリス流にいうと「トロリー」）を利用しよう。

受け手は事前に決めた時刻に、バッグを持つかカートを押し

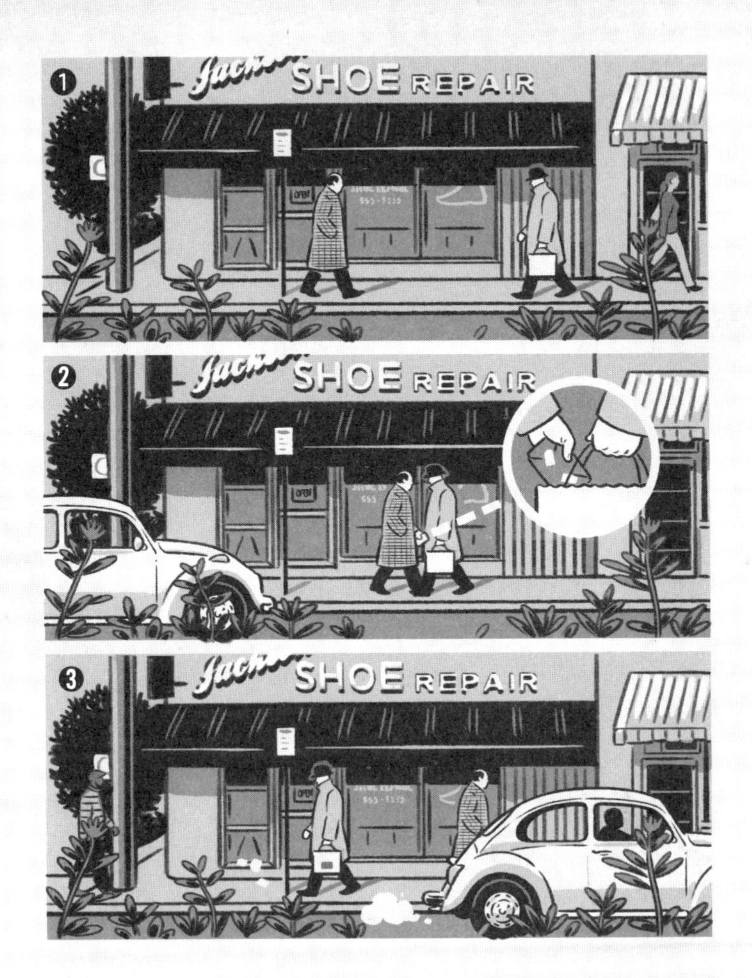

❶ブラッシュコンタクトを行うとき、渡す情報をショッピングバッグにひそかに入れる例を示す。❷仲間のエージェントとすれ違いざまに、相手の袋にアイテムを落とす。袋は、ねらいを外す恐れのない大きめのものにする。❸何事もなかったように歩き続ける。

て、店のカウンターやショーウィンドウの近くに立つ。あなたはすれ違いざまに、渡したいアイテムをそこへ落とすだけでいい。そして、足取りを乱さずに歩き続けるのだ。

人混みを利用する

周囲に大勢の人がひしめく状況で、大切な極秘情報をひそかに受け渡すようなことは、できれば避けたいと思うかもしれない。しかし、人混みはアドバンテージにもなる。ショッピングモールのような場所でブラッシュコンタクトを計画した場合はとくにそうだ。当然ながら、監視チームは一瞬たりとも目を離すまいと努力するだろうが、あなたの前を一般人が通過するたびに、視界が断続的にさえぎられる。幸運の女神があなたの味方についたら、大柄の人や少人数の集団が絶好のタイミングで現れて、あなたが仲間のハンドバッグに秘密を落とすまさにその瞬間に、目隠しになってくれるかもしれない。

公共交通機関を使う

公共交通機関を利用することで、ブラッシュコンタクトを成功に導ける場合がある。ふたつのアイデアを挙げよう。

バスで行う場合

仲間のエージェントが所定の時刻に所定のバスに乗っているように打ち合わせておく。

あなたもそのバスに乗車するが、おそらく監視チームのメンバーも最低ひとりは乗り込んだことを忘れないように。可能なら、接触相手の横を通りすぎてから座る。監視要員は、あなたの座った場所を把握し、車で尾行するモバイルチームからバスを監視下に置いたと伝えられたら、すぐにバスを降りる可能性が高い。

あなたは、最低でも３つのバス停を通過するまで席を立たない。そのあと立ち上がり、接触相手の横を通過しながら、ひそかにアイテムを手渡して、次のバス停で降りるのだ。

電車で行う場合

ブラッシュコンタクトの基本的手順はバスの場合と変わらないが、電車には異なる点がひとつある。監視チームのモバイル要員にとって、電車を完全な管理下に置くことはバスよりはるかに難しい。そのため監視要員は、ほぼ間違いなく複数で電車に乗り込み、ターゲットから目を離さないために一緒に乗り続ける必要があるのだ。

電車内でブラッシュコンタクトを行う場合は、予定日のしばらく前に切符を購入しよう。たとえばその路線で10駅分乗る切符を買って、あとで使うためにポケットに入れておく。

決行日にも切符を買う。ただし、今度は同じ路線で5駅分にする。運がよければ、あなたが切符を買う際に監視要員が近くにいて、購入内容を確認し、どこで降りるかを残りのメンバーに伝えるはずだ。この情報を元に、チームのモバイル要員は先回りして、あなたが降りるという駅で尾行を引き継ごうと待ち構えている。もちろん、あなたはさらに5駅先まで電車を降りない。うまくいけば監視チームを混乱に陥れて、残り1日、監視の目から逃れられる。

新聞を使う

相手に接近することなく公共交通機関で物品を渡したいなら、それを新聞に隠す手がある。まず、あなたがはっきり見える位置に回収者がいることを確認する。相手とアイコンタクトを取って、意思疎通ができたと確信したら、引き渡すものを隠した新聞をあとに残して席を立ち、それを回収させるのだ。

あなたが新聞を回収する役割だった場合は、できるだけ速やかに行動に移すこと。第三者がその日のニュースをチェックしようと新聞を持ち上げたはずみに、大事な「小包」を目撃しては大変だ。

お気づきかもしれないが、ここで説明したような筋書きは、スパイ映画でよく見るシーンよりずっとおとなしい。たとえば『007/私を愛したスパイ』（1977年公開）では、無難であるはずの公共交通機関さえ、血湧き肉躍るアクションの舞台となる。イギリスとロシアのエージェントが一時停戦を決めたため（現実にはまずありえないが）、ジェームズ・ボンドは、渋るKGBのエージェント、トリプルXことアニヤ・アマソヴァとともに、サルディニアへ向かう列車に乗る。平穏な旅になるはずの列車内で、ボンドは派手な取っ組み合いを演じることになる。相手は鋭利な金属の歯を持った、その名もジョーズという長身の殺し屋だ。ボンドはあらゆる鉄則を破ったわけだが、ピンチを見事に切り抜けたことは否定できない。とくに、壊したランプでジョーズを感電させたのは名案だった。

7

自衛の
テクニック

あなたが作戦を任されるシークレットエージェントになったら、暴行から身を守る術を身に付けている必要がある。とはいえ、自衛の最善の方法は常に一目瞭然なわけではないし、必ずしも取っ組み合いをする必要はない。

常に心がけるべきなのは、リラックスした穏便な態度を取って、暴力に発展させないことだ。命をおびやかす乱闘に巻き込まれずに済むのに、プライドが邪魔をして、立ち去ったり逃げたりできないようでは困る。何より優先すべきなのは、「灰色の男」であり続け、できるかぎり目立たないこと。これをけっして忘れてはいけない。相手に冷静に話しかけて、その場を収める努力をしよう。感じのよい表情を崩さず、両方の手の平を相手に見せて、争う意志がないことをはっきり示す。焦ってはいけない。必要なだけ時間をかけて、相手をなだめ、状況を収拾するのだ。

あの手この手で平和維持に努めながらも、その時間を有効に活用しよう。相手を品定めし、状況が急に悪い方向に進んだら、どういう戦略を取るべきか検討するのだ。相手の体格と、どんな強みがありそうかを分析する。長髪やネクタイ、マフラー、ゆったりとした服など、あなたが手でつかめそうな部分はあるか。相手は武器として使えそうなものを持っているか。それはよけなければならないものか（がっしりしたブーツや靴など）。それを使われたら、あなたが重傷を負う可能性はあるか。事態が急速に悪化した場合に、つかんで武器として使えそうなものは手近にあるか。こうしたことを把握しておく。

その間に、呼吸をコントロールしよう。正しい呼吸法を行えば緊張がほぐれ、自制心を保って冷静に対処しやすくなる。カッとなったときは、性急で理性を欠いた判断をしがちだ。胸ではなく腹部を上下させるように、鼻から深く息を吸う。息を3秒間止め、一瞬力を抜いて、また3つ数えながら口から息を吐く。リラックスするための呼吸法は、いつでもどこでも練習できる。危険に直面したときに無意識にできるようにしておこう。

相手を落ち着かせ、安心させる作戦が失敗に終わり、相手が暴力に訴えたとしても、急いで対応策を練る時間は稼げた。あなたは身を守る最善の準備が整っているはずだ。

戦いが避けられないときのために、事前に備えておく方法はさまざまにある。まずは、万全の体調を維持することから始めよう。肉体的・精神的な健康は、シークレットエージェントの必須要件だ。運動習慣とバランスのよい食事で、適度な体力を確実に維持しよう。心身が健康なら、体の動きも頭の回転も速くなる。力も強くなるし、より長く戦うことができて、回復も速まる。体力の維持については、あとでもう少し説明する。

意外に思うだろうが、恐怖心を恐れる必要はない。人と対立して、深刻なケガを負う恐れもある状況になれば、恐怖を感じるのは自然な反応だ。恐怖心が湧くことは想定しておこう。恐怖を感じると、体内でアドレナリンの分泌が促される。アドレナリンによって普段以上のパワーが引き出され、ときには超人的といえるような力が出る。

戦うときには、自信も大切な要素になる。自信を高める方法のひとつが、事前の備えだ。護身術やボクシング、徒手格闘術のレッスンを受けてもいいし、武道を学びたいなら、空手、柔道、中国武術などの教室も多い。

こうした技能の基礎ができていれば、自信が高まり、いざというときに役に立つ。だが、それでも慎重であるべきだ。どんな武道を選んで稽古を積んだにしても、黒帯を取ると自信過剰に陥りやすい。自信過剰は、まったく自信がないよりタチの悪いものだ。

たとえ黒帯を取り、高段者になったとしても、現実的な判断は常に欠かせない。あなたが身長160センチ足らずで、体重45キロだとしよう。絡んできた相手はボクシングのライトヘビー級チャンピオンで、腹筋が6つに割れ、上腕二頭筋はイギリスのモルトビネガーの大瓶のようだ。だとしたら、小手先の技を繰り出すのは賢明とはいえない。

ここからは、あなたの健康と福祉を守るため、ちょっとした自衛の知識が必要になった場合に、どうすれば優位に立てるか見ていこう。

徒手格闘術

徒手格闘術は、繊細な人には向いていない。通常は軍隊でのみ教えられる自衛のメソッドで、兵士が武器を一切使えない状況で自分の命を守るため、やむを得ない最終手段として使うことを想定している。

徒手格闘術はスポーツではない。単に優れた技術で敵を屈服させることが目的ではないのだ。相手を殺すかケガを負わせて、もはや自分に脅威を与えない状態にする技術なのである。体の一部をかみ切るか引きちぎる、目をえぐる、骨折させるといった行為さえ、すべて正当とされている。最も非情で残忍な護身術だ。適切に使う必要がある。

SASAS

イギリス軍には、イニシャルを組み合わせた頭字語や、覚えやすくした略語があふれている。あまりに多いので、イギリス軍に所属したことがないと、ほとんど理解不可能なほどだ。英国秘密情報部は、軍事情報部第6課（MI6）から発展したから、当時のさまざまな伝統や軍の隠語を受け継いでいるのも理解できる。

たとえば秘密情報部の長官は、代々「C」と呼ばれている。長官が署名するときは、普通のサインではなく「C」とだけ書き、必ず緑色のインクを使う。秘密情報部で働く者に、知っておくべき情報を伝えるときは、情報シートでも口頭の手短なミーティングでもなく、「シットレップ」（sitrep）を使う。シットレップは、軍の用語「situation report」（状況報告書）の2語を組み合わせて生まれた。エージェントのミーティングで使うセーフハウスは、たいてい集合住宅の一室で、イギリスでは「フラット」というが、この言葉も使わない。普通はOCPと呼ばれる。古い軍隊用語で、「Operational Command Post」（作戦指揮所）のイニシャルだ。

シークレットエージェントが自衛の基礎を学ぶときも、覚えやすいように頭文字をつなげて、「SASAS」と教えられる。意外性（Surprise）、攻撃性（Aggression）、強度（Strength）、正確性（Accuracy）、スピード（Speed）だ。

意外性（Surprise）

攻撃するときに最も重要なのは意外性だろう。まずは控えめな態度を崩さず、攻撃性を少しも示さないようにする。可能なら、何らかの方法で相手の注意をそらそう。ほんの一瞬でもいい。そして、完全に不意を突いて攻撃に出る。

攻撃性（Aggression）

いったん攻撃すると決めたら、あらんかぎりの敵意を込めて攻撃する。

強度（Strength）

うまくいけば、体内を駆けめぐるアドレナリンが普段以上の力を引き出し、攻撃の強度を高めてくれる。

正確性（Accuracy）

正確性は欠かせない。慎重にねらいを定めよう。鼻をねらったのに額をなぐってしまったら、手の骨を折るかもしれない。

スピード（Speed）

打撃のスピードは維持する必要がある。ねらった箇所で止めるのではなく、相手の体を突き抜けるつもりで打ち抜こう。

人体の急所をねらう

かつて頭のいい人が「攻撃は最大の防御なり」といった。だが、そう断言できるかは疑わしい。衝突を避けて暴力沙汰になるのを防げるのであれば、そのほうが優れた選択肢だ。自分を小さく見せたり相手に調子を合わせたりして、こんな奴を痛めつけても時間の無駄だと敵に思わせる努力をしてもいい。最終的には自分で決断するわけだが、ここで何よりも重要なのは、いかなる代償を払っても生き延びることだ。いったん戦うと決めたら、全身全霊を傾けて、命がけで戦う。実際、命がかかっている可能性が高いのだから。

私はSAS時代に、徒手格闘術のインストラクターだったミック・グールドから、前述の「SASAS」を学んだ。もう一度おさらいしよう。意外性（Surprise）、攻撃性（Aggression）、強度（Strength）、正確性（Accuracy）、スピード（Speed）だ。

身体への攻撃ではすべて不可欠な要素だが、おそらく最も重要なのは意外性だ。敵が近づいてきても、攻撃的な構えを見せてはいけない。簡単に降伏すると思わせるのだ。そうしておいてから、相手が向かってくる勢いを利用して、何でも手近にある武器を使い、90ページのイラストで示した急所のどれかひとつを攻撃する。以下の説明を生かして、最大の効果を上げよう。

❶ 目

誰もが知っているように、目は恐ろしく傷つきやすい。小さなほこりや砂、あるいはハエでも入ろうものなら、不快どころの騒ぎではない。戦闘力も弱まる。つかんだ砂を投げつける、スプレーを噴射する、鍵束で引っかく、爪の伸びた指で突く。すると敵は一瞬目が見えなくなり、次の攻撃に対して丸腰になる。あるいは、そのスキに逃げられるかもしれない。生き延びれば再戦のチャンスも生まれる。

❷ 鼻

顔の中央にあるだけに、鼻はねらいやすく、その誘惑には逆らいがたい。鼻は大きいほどいい。左右の鼻孔の間にある鼻柱（鼻前庭と呼んでも、どちらでもいい）を下から突き上げる。このとき、SASASのうち少なくとも次のふたつは守ること。ありったけの強度（Strength）と、ピンポイントの正確性（Accuracy）で、最大の痛みとダメージを与えるのだ。敵の鼻を攻撃すると、頭がのけぞって別のターゲット（のど）がむき出しになる、涙が出て視界が悪くなる、平衡感覚を失う、多量の出血をするなど、得られるアドバンテージは多い。

❸ 耳

耳にはあらゆる形と大きさがある。幸運にも、大きな耳が突き出した敵に襲われたら、それに感謝して遠慮なくフルに利用させてもらおう。両耳をつかんで全力でひねる。あるいは、かみついてもいい。耳の傷はおびただしい出血につながり、ひどい痛みを伴うこともある。また、側頭部を強く平手打ちすると、圧迫で鼓膜を損傷し、激しい痛みと恒久的な難聴を引き起こす場合がある。

1
2
3
4
5
Bob
6
7
8
9
10

❹ 首

前腕や手、ひも状のものを使って首を絞めると、肺に空気が送られなくなり、脳への血流も止まる。急速に死に至らしめる状況だから、首を絞めるときはあくまでも慎重に。また、首の後ろや横を手刀で強く打つと、失神したり完全に意識を失ったりすることがある。この技は「ラビットパンチ」とも呼ばれる(昔のボンド映画の悪役のようで私の好みではないが、チャンスがあれば試す価値はあるかもしれない)。

❺ のど

首は体の中でも非常に弱い部分なので、人は攻撃を受けると無意識に頭を下げて首を守ろうとする。相手ののどがむき出しになれば、あなたは明らかに有利な立場になる。頭がのけぞるように、髪や眼窩、鼻孔を後ろから引っ張るか、鼻やあごを下から突き上げよう。

のどを強打すると深刻なケガを負い、当然ながら死につながる。そうした攻撃は最後の手段にすること。

❻ みぞおち

みぞおちは胸の中央部、胃の上にある。胸骨のうち、肋骨がアーチを作っている箇所だ。体の中でも弱い部位なので、ボクサーはよく「ブレッドバスケット」(パンを入れるカゴ)と呼ぶ。ここにパンチかキックが一発命中しただけで、しばらく体を二つ折りにして動けなくなる。こうなれば、とどめの一撃をお見舞いしやすい。

❼ 腹部

腹部は、こぶしでも、ひじやひざ、脚でも、攻撃しやすい理想的な位置にある。不運にも、相手がハドリアヌスの長城のようなシックスパックの持ち主だった場合は、おそらく苦労するだろう。しかし、筋肉が緩んでいるタイミングか、そこまで鍛えていない相手なら、敵は一瞬息ができなくなり、うまくいけば完全に動きを止めることも可能だ。

❽ 腎臓

腎臓は、背後から攻撃するのが最も効果的な数少ない箇所だ。背骨の近く、肋骨の下に位置する。分厚い筋肉に守られていないため、腎臓に鋭いパンチやキック、ひざ蹴りを浴びると、激痛が走り、重傷を負う場合もある。

❾ 股間

股間もきわめて繊細な部位だ。おそらく女性より男性にとってそうだろう。性別によらず、股間へのキック、ひざ蹴り、パンチ、あるいはかかとや頭突きによる攻撃でも、大きな痛みを与えられる。男の場合、睾丸を鋭く突かれただけで、耐えがたい痛みでくずおれるはずだ。睾丸をつかんで、ありったけの力でひねったり引っ張ったりぶら下がったりするのも、確実にゲームチェンジャーになる。ここを攻める戦法には、ほとんど力がいらない。護身術のトレーニングを積んでいるかどうかにかかわらず、絶大な効果を得られる。ただし、甲高い悲鳴を聞かされることは覚悟しておこう。少々うっとうしいし、耳が痛くなるかもしれない。

⑩ ひざ

ひざの関節は複雑で、非常に繊細だ。ねらい定めた攻撃をすれば、ほぼどんな角度からでも、膝蓋骨、つまりひざ小僧を脱臼して、まったく動けなくなる。とりわけ横か前からひざ関節をキックすると、障害が残るほどのダメージになることもある。ひざを攻めたあと、ブーツか靴の硬い部分ですねの骨を引っかけば、さらに激しい痛みを与えられる。

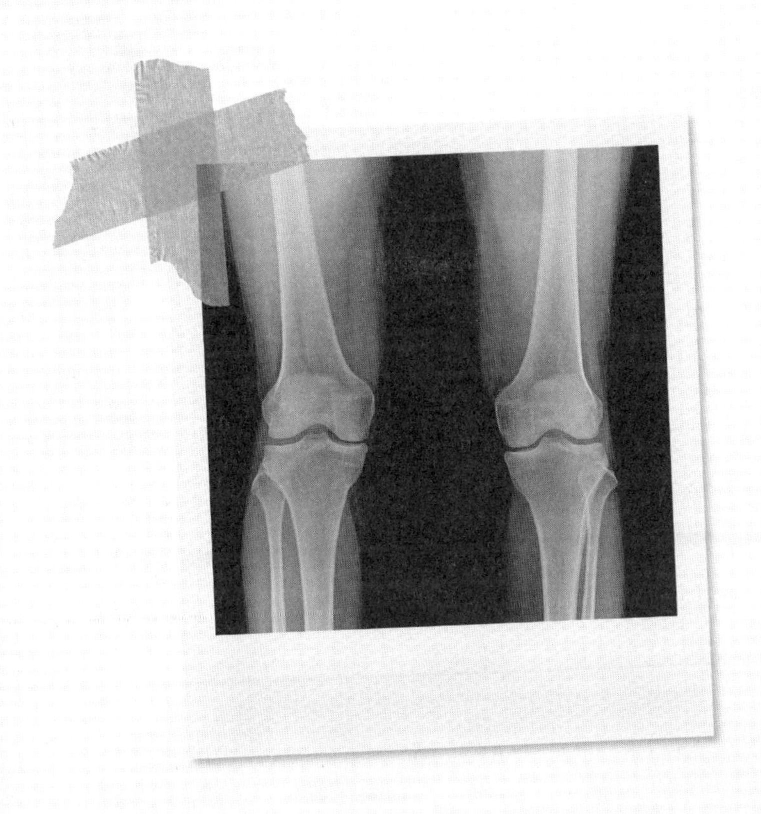

体力を維持する

有能なスパイになるには、適度な体力を維持する必要がある。だからといって、人生の４分の３をジムですごし、巨大なバーベルで鍛え、壁一面を覆う鏡に引き締まった自分の体を映してほくそ笑む、といったことが必要だなどとは一瞬たりとも考えないでほしい。筋骨隆々とした体は、シークレットエージェントが目指すべき地味な人物像にそぐわない。また、オリンピック選手並みの走力やジャンプ力を鍛える必要もない。

もちろん、肉体的・精神的な健康について、あらゆる側面を考慮する必要はある。精神的なウェルビーイングには、MI6から与えられる仕事が間違いなく助けになる。たいていの場合、任務を果たすために嫌でも考え、ひたすら集中するからだ（とはいえ、こんな仕事をしている自分は正気じゃないと思うような任務に送り出されることも、一度や二度はあるが）。

肉体的健康について助言するなら、バランスのよい食事を心がけ、アルコールはほどほどにして、体を常に動かすことだ。座れるなら横にならずに座り、立てるなら座らずに立ち、歩けるなら歩き、走れるなら走る。

ただし、外国に派遣されたときは、常に監視されていると想定する必要があるから、何があっても絶対に走ってはいけない。走っていいのは、生死に関わるときか、偽装のためのカバーストーリーの一部とするときだけだ。健康のためにランニングを習慣にしている人物を演じるなら、もちろん適切なときに走ってかまわない。

DECLASSIFIED_
Auth: NKD Y78075-E
By Mar-12

事例研究：
モリス・“モー”・バーグ

モー・バーグことモリス・バーグは、キャッチャーとしてMLBでプレーするプロ野球選手でありながら、実はスパイだった。ジムですごす時間が長くても許される数少ないシークレットエージェントだ。バーグはプリンストン大学を卒業し、8カ国語をマスターした。この語学力は、1930年代中頃に、ベーブ・ルース、ルー・ゲーリッグらと大リーグ選抜として他国を訪れたときに、おおいに生かされた。日米野球で日本に滞在中、日本語の知識を使って、東京でひときわ高い建物にひとりで入り込み、屋上から造船所などをフィルムに収めたのである。CIAによれば、アメリカは第二次世界大戦中、この映像を使って空襲の計画を練ったという。バーグはこのあとも、CIAの前身である戦略情報局のエージェントとして、1943～45年にヨーロッパで無数の作戦を遂行した。

武道を習う

今ではさまざまな武道を習えるようになった。どれを稽古しても、いいことばかりだ。最低でも全身を鍛える効果がある。

とはいえ、ここで重要なアドバイスをしたい。空手の黒帯を取れば、直接やり合う場面では勝利を収められるかもしれないが、それに頼ってはダメだ。基本のトレードクラフトを忠実に守ったほうがうまくいく場合は多い。英国海軍のエリート集団、特殊舟挺部隊（SBS）の創設時のモットーを覚えよう。それは、「力ではなく知恵で」だ。

現在は「力と知恵で」に変わったが、趣旨は同じ。頭を使って面倒に巻き込まれるな、ということだ。武術の習得に費やす時間で、スパイに必要なほかの技術を習得したほうが、実は有効かもしれない。結局のところ、つかまらなければ戦う必要もないからだ。

相手の勢いを利用する

前にも触れたように、「攻撃は最大の防御なり」とよく言われるが、これが常に正しいとは限らない。攻撃する側が相手に向かって動けば、攻撃される側はその勢いを利用できるからだ。物理の講釈は退屈だから、できるだけ手短に説明しよう。

物体の持つ運動量は、質量と速度の積で求められる。学校で「P = MV」と習ったのを覚えている人もいるだろう。体重が大きいほど、また動きが速いほど、運動量は大きくなる。

あらゆる努力が無駄に終わり、なぐり合いで決着をつけることになったら、この物理法則を最大限に利用しよう。必要なのは、待つことだけだ。相手が飛びかかってきたところで攻撃に出るのである。大丈夫。敵が巨漢であるほど、また勢いよく飛びかかってくるほど、あなたのパンチやキック、ひざ蹴りやひじ打ちは、相手に大きな痛みを与える。

8

日用品を武器にするテクニック

たいていどんなものでも武器として使えるが、それを使って他人に危害を加えたりケガをさせたりしないかぎり、普通は武器とは呼ばれない。日曜日のごちそうとして肉屋でラムの脚を買い、それを持って歩いている人を、「危険な武器で武装している」とは表現しないだろう。しかし、どう表現しようと、それを誰かの顔にたたきつけることは可能なのである。辞書の定義によれば、武器は「戦いに用いられる道具」で、「敵に対して有利に立つために使うもの」だから、対象は非常に幅広く、さまざまに解釈できる。

9.11のアメリカ同時多発テロが起きるまで、民間航空会社の乗客は、武器になりそうなものも含め、ほぼ何でも機内に持ち込めた。職人なら、ドライバーと金づちであろうと、おのと電動ドリルであろうと、仕事で使う道具を持っているだけだと主張することも普通だったのである。しかし9.11以来、空港の警備は強化され、こういった道具の持ち込みはほとんど禁止された。苦労せずに機内に持ち込めるのは、せいぜいティースプーンくらいだろう。

（とはいえ、私は最近、ウガンダのエンテベからコンゴ民主共和国のブニアへ飛んだときに、ぎょっとするような光景に出くわした。向かいに座る男性が、ひざの上に大きなナタを持っていたのだ。空港の警備が強化されたといっても、世界の至るところに当てはまるわけではないようだ）

身を守るために武器を使うしかない事態もありえる。それに備えて武器を携行するなら、考慮に入れるべきことは空港のセキュリティチェックだけではない。シークレットエージェントは多くの場合（ときには民間人も）、当局からまったく歓迎されない地域で仕事をしなければならない。警察や警備員に連行されて、取り調べを受ける事態にも備えておく必要がある。
おそらく厳しい尋問を受け、ボディチェックもされる。その結果、ズボンの中に日本刀を隠し持っていたとか、ジャケットの下に銃身を切り詰めたショットガンを身に着けていたとか、何らかの武器が見つかった場合、スパイのキャリアはそこで終わるだろう。だからといって、武器の携行はやめるべきだと言っているのではない。武器には見えず、危険な印象も与えないものを持ち歩くべきなのだ。
ここからは、とくに優れた「武器でない武器」をいくつか取り上げる。

靴

「そろそろマトモな靴を履くことを考えなさい」と言ったら、口うるさい母親のセリフになってしまうが、よい武器が手近(足近?)にほしいなら、ほかに選択肢はない。理想的な靴は、先端がややとがった形で、つま先にスチールのトーキャップが付いているものだ。足に合った仕立てのよい靴があれば、異国の地を歩き回って情報収集するときに、都市でも田舎でも足を快適に守ってくれる。その上、一見無害なすばらしい武器になるのだ。
天然の金属の中で最も硬いタングステンで先端を覆った靴なら、敵のひざや股間、下腹部にキックが命中したときの威力は格段に上がる。そんな攻撃はスパイの威厳を損なうと心配する必要はない。キックは、敵に激痛を与えられる非常に強力な攻撃だ。

ただし、スニーカーやハイヒール、（考えるだけでゾッとするが）オープントウの靴では、敵を無力化するどころか、たじろがせる効果も大幅に弱まるので、注意が必要だ。

ペン

ありふれたペンほど人畜無害なものがあるだろうか。たいていの人は、どこへ行くにもペンを持ち歩いている。だが、それで誰かを突き刺せば、非常に危険な凶器になり、命を奪うことさえある。ただし、金属製でなければダメだ。プラスチック製では、骨に当たった衝撃で粉々になる可能性が高い。

ペンを即席の短剣として使うときは、親指と人差し指の間、手の肉が厚い部分をクッションにして、こぶしの中央から突き出るように握るのがベストだ。ただし、非常に強い力で刺した場合、自分の手を傷める可能性も高いので注意しよう。それでも、非常時には非常手段が必要なのだ。

本

悪意を感じさせないという点で、本を上回るものはないだろう。あなたが本を持っていても、恐るべき破壊力を秘めた武器を持っていると思う人は、まずいない。ただし、気を付けてほしい。最大のダメージを与えるにはハードカバーの本が必要だ。ペーパーバックの『星の王子さま』とか、そういった類いの本で敵の頭をはたいても、相手をよけいに怒らせるのが関の山だ（その上、いささかマヌケに見えてしまう）。

自分はただの無害な旅行者だと当局を確実に納得させたいときは、カバーストーリーを補強するような内容の本を必ず持ち歩こう。たとえば、古代ペルシャの歴史を学ぶためにイランを訪れていると偽装するなら、『イスラムの芸術と建築のすべて』といった本を選ぶのも悪くない。あなたがチョガザンビール遺跡で古代の寺院を散策中に、ケンカをしたくてうずうずしている悪漢に絡まれたら、この一見無害な武器を活用する絶好のチャンスといえる。

❶　ハードカバーをつかんで準備。本の背を外に向けて、利き手でしっかり握る。

❷　相手が自分に向かってくるのを待ち、手が届く位置まで来たら、「意外性、攻撃性、強度、正確性、スピード」（SASAS）の各要素を利用しつつ、本を勢いよく振り上げて、敵のみぞおちにたたき込む。いつになく残忍な気分のときは、下から鼻柱にたたきつければ、最大のダメージを与えられる。

❶

❷

懐中電灯

懐中電灯やフラッシュライト（イギリス英語では「トーチ」）も、非常に有効な即席の武器になる。当然ながら、ポケットサイズのライトを常に持ち歩いていても何の不思議もないし、だからといって照明以外の用途で使う意図があると誰かに疑われる心配もない。

持ち歩く懐中電灯は金属製のものにして、ストラップを付ける。武器として使うときは、その前に必ずストラップに手を通す。こうすれば、敵に奪われて自分への武器として使われる事態を防げる。懐中電灯をこん棒のように振って、前述した人体の急所（90 ページ）をねらう。

最新式のフラッシュライトの中には、高速で点滅するストロボ機能付きで、出力が最大 1000 ルーメンといった高輝度のライトもある。ストロボ機能を使えば、敵は一時的に目が見えなくなる。とりわけ完全な暗闇で効果的だ。この作戦を使うと、攻撃に別の選択肢が加わる。それは逃げること。たいてい、こちらを選ぶほうが賢明だ。

クレジットカード

ほとんどの人がクレジットカードを１枚は持ち歩いている。ちょっとした工夫で、この平凡な支払い手段が非凡な武器に変わる。

クレジットカードの角のひとつを鋭利に研いでおくのだ。これで、いざというときに自衛手段として使える刃物が手に入る。また、脅威が迫ったときに、身分証や金銭を渡そうと財布に手を入れれば、そこに武器があるのだ。

たいていの場合、戦いの最中に多少の切り傷を負っても、ほとんど影響はないし、即効性はまずないだろう。しかし、頭の傷は大量に出血する。額に切り傷を負うと、血が目に入りやすく、最低でも視界が悪くなる。なぐり合いをするときには大きなマイナスだ。

クレジットカードの角をとがらせておくと便利だ。自衛が必要なときや、請求書が来て支払うときだけではない。多くのエリアにアクセスする手段にもなる。ノブに単純なロックが付いたドアなら、ラッチとドア枠の間にカードを滑り込ませて開けられるのだ。

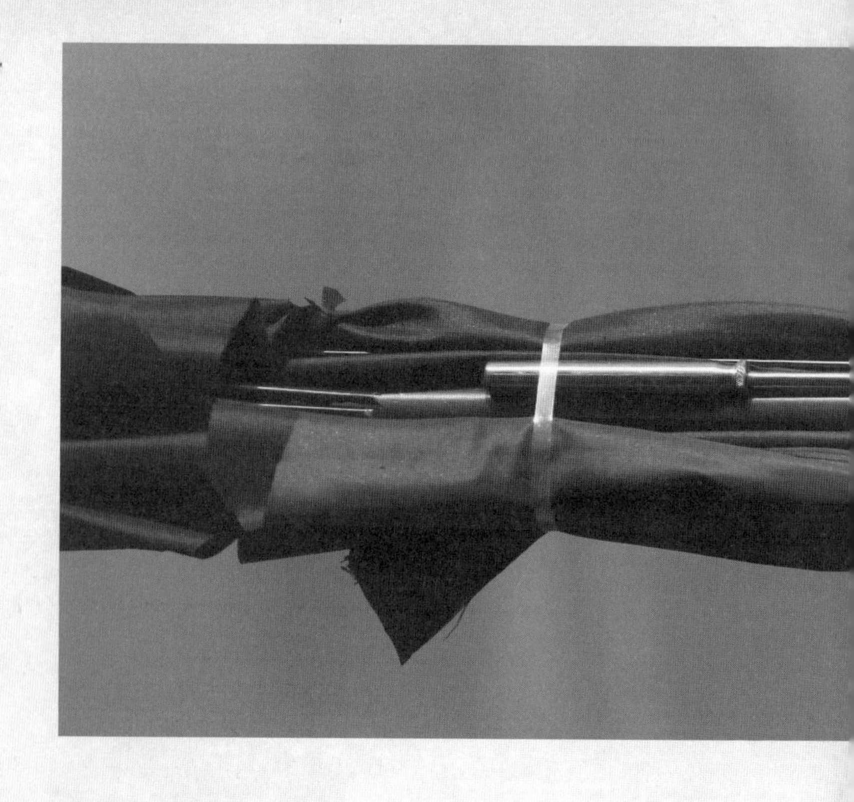

日用品の中でも傘には、スパイが武器として使うイメージがある。2015年の映画『キングスマン』では、エージェントのハリー・ハートが特注の「ガン・アンブレラ」を持っていた。また、ドラマ『ジ・アメリカンズ』の2013年のエピソードでは、情報を得る大がかりな作戦の一環で、エリザベスが傘の先端から若者に毒を注入した。どちらもバカバカしくてありえないように見えるが、実は『ジ・アメリカンズ』のシーンは、実際に起きた有名な暗殺事件を元

にしている。

1978年、ブルガリア人で反体制派だったゲオルギー・マルコフが、ロンドンのウォータールー・ブリッジでバスを待っていたとき、脚に鋭い痛みを感じた。誰かに傘の先端で刺されたのだ。単なる不運だと考え、マルコフはそのまま午前をすごした。しかし、4日後に死亡した。実は、スパイが「ブルガリアン・アンブレラ」を使って、マルコフの脚に猛毒のリシンを注射していたのである。

鍵

鍵の束は、敵に相当の痛みとダメージを与えられる便利な武器になる。❶5個以上の鍵をリングでまとめ、60センチ程度のチェーンかひもを付ける。この無害に見える武器は、偽装用の身の回り品の中に入れておける。❷使うときは、まず手にひもを1、2回巻きつけてから、鍵を振り回し、遠心力を利用してスピードを上げる。これで、こん棒の先に鉄球を取りつけた中世のメイスやフレイルのような武器のできあがりだ。

鍵が5個ない場合でも、あなたが接近戦をいとわない（あるいは避けられない）なら、最も頑丈で重い鍵が有効な武器になる。利き手でこぶしを作り、親指は人差し指の側面に添える。親指の先と握った人差し指の間に、先端が2、3センチ突き出すように鍵を握る。

のどや頭などの急所を強い力で突いたときに、鍵を握っていれば威力が増す（状況によって正面からでも横からでもいい）。これで、姿をくらます時間を作ることができるだろう。

ただし、鍵をこのように握ると、相手だけでなく自分の手も傷める恐れがある。この攻撃を選ぶのは、ほかに武器がないときだけにするべきだ。

5個以上の鍵を付けたキーホルダーは、即席の武器になる。キーホルダーにひもを付けて、これを手に巻きつけてから、円を描くように勢いよく振り回す。

スプレー

武器としてのスプレーの有効性は、現代社会の至るところで目にする。警察や軍隊は「攻撃抑止スプレー」と称して、あらゆるタイプの唐辛子やさらに強力なガスなどを調合した、催涙スプレーや催涙ガス、唐辛子スプレーなどを使用している。

スプレー缶はどんな種類でも旅客便には持ち込めないが、任地に落ち着いてから「護身用スプレー」を購入すればいい。たいていの国で簡単に手に入る。どんなスプレーでも、いざというときに非常に有効な武器になる。とくに目を直撃した場合だ。ヘアスプレーや制汗スプレーは、ひどく目にしみる。

使うのが防犯用スプレーでも家庭用スプレーでも、効果を上げるために重要なポイントがいくつかある。まず、時間が許すなら、スプレー缶の形に慣れておこう。スプレーが噴き出すノズルと、トリガーやポンプとの位置関係を把握しておくのだ。そんなことは見ればわかると思うかもしれないが、想像してほしい。気が動転しているときには、あらぬ方向に噴射したり、最悪の場合、自分に吹きつけてしまう恐れもある。防犯スプレーには、こうした誤射を防ぐセーフティーカバー付きのものもあるが、自分のスプレーに付いているかチェックしておこう。また、暗闇でも触っただけで向きがわかる形をしたスプレーもある。

いざ使うときが来たら、確実に敵の風上に立つようにしよう。風に押し戻されて、一部でも自分の顔にかかったら意味がない。ねらうのは常に顔。できれば目か鼻だ。

ほとんどの護身用スプレーは、0.5 秒ほどしか噴射しない設計になっている。それ以上噴射しても無駄になるだけだ。スプレー缶は必ず直立させる。そうでないと、しっかりと（あるいはまったく）噴射できない。

敵との距離をどのくらい取るべきかは、使うスプレーのタイプや風の状況、敵がどの程度動けるかによって変わってくる。一般的には、標的との距離を3～3.5メートルの範囲に収めたい。それより大幅に遠いと、防犯スプレーを目や鼻に命中させるのが難しくなる。一般的な家庭用スプレーの場合は、拡散しすぎて効果がなくなってしまう。一方、3メートルより大幅に近い距離だと、スプレーを効果的に噴射する前に、敵につかまれたり攻撃を受けたりする危険がある。

スプレーが期待どおりの効果を上げて、敵が動けなくなるか注意をそらしたら、一刻も早くその場を離れること。ほかのスパイ技術を駆使して人混みにまぎれ込み、姿を消すのだ。

9

身体を武器にする
テクニック

テレビや映画で見るものを何でも信じてはいけない。誰かの顔をなぐっても、自分が相手より小さいならなおのこと、たった一発でノックアウトすることなど、まずありえない。むしろ、かなりの確率で自分がケガをし、手の骨を折ることさえある。人間の頭蓋骨は岩のように硬いことを忘れてはいけない。力の強さや荒っぽいパンチ以外にも、戦いを左右する要素はたくさんあるのだ。

つかみ合いのケンカが避けられない状況になると、大半の人は動物的な本能に身を任せる。ほぼ間違いなく気が動転しており、筋肉は緊張する。ストレス反応も示すだろう。呼吸が浅くなり、脳への酸素の供給が減る。酸素供給量が減ると、理性的に考える能力も低下しやすく、握りこぶしで相手を攻撃するしか選択肢はないと思い込んだりする。こうした衝動は、きわめて危険な状況を生き延びるために進化の過程で生まれたのだろう。しかし、思考力を持つ人間を相手に戦う場合は、たいてい役に立たない。本能に従ったら、持てる能力を最大限に発揮できるどころか、敗北がほぼ決定する。もちろん、怒りに任せた本能的な一撃が完璧にヒットして、夢のようなKOパンチになる可能性もゼロではない。だが、それをあてにしてはダメだ。

訓練を積んだシークレットエージェントは、武器を使わない自衛の方法を使いこなせるように、それが必要になるずっと以前から、時間をかけて備えている。リラックスする方法や正しい呼吸法、事態の進展に合わせた状況判断、敵の弱点を突く方法などを身に付ける必要があるのだ。

何よりも重要なのが、生まれつき身体に備わる武器を最大限に活用する方法である。ここからは、あなたに備わる武器庫の中身を見ていこう。

こぶし

腕の立つボクサーになるまでには長い時間がかかる。ここでは、こぶしを使う以外に敵から逃れる術がない場合について説明する。ただし、覚悟してほしい。相手になぐり合いの技術や経験が多少でもあったら、こうした攻撃は比較的簡単にかわされてしまうだろう。

何としても敵にパンチをお見舞いする（そして骨折する危険を冒す）とあなたが決意したのなら、まずは正しい方法でこぶしを作る必要がある。手を顔の前に上げて、まず小指を強く握りしめる。残りの指も順に１本１本握っていき、その上に親指を固定する。このとき、突き出した指がないように気を付ける。親指を中にして握るのもダメだ。硬いこぶしをきちんと作れなければ、おそらく敵より自分のほうがケガをする。

パンチをするときは、手首を上にも下にも曲げず、ひじから指の付け根までを一直線にする。パンチは全身で繰り出す必要がある。脚と腰と肩の力をのせるのだ。パンチする前に振りかぶってはいけない。これから何をするか、相手に警告することになってしまう。可能なら、敵が自分に向かって動くのを待ち、相手の勢いを生かしてこちらの打撃のパワーを上げよう。

こぶしの小指側を使ってハンマーのようにたたきつけても、驚くほど効果的な一撃を加えられる。このほうがパンチより自分の手を傷める危険が少ない。

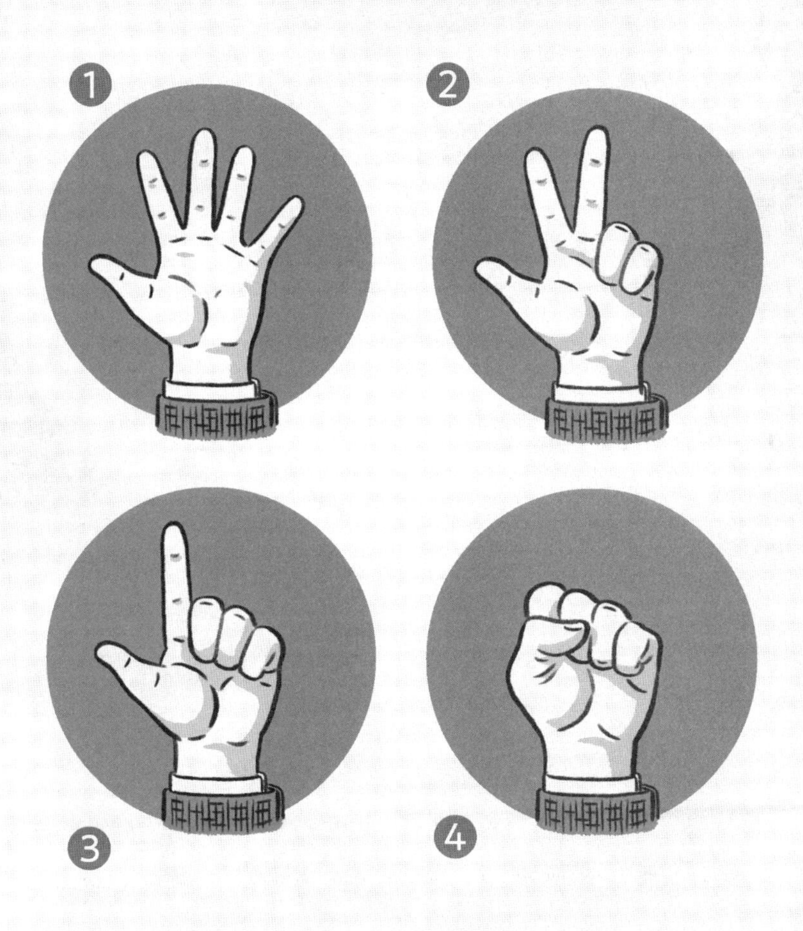
1
2
3
4

掌打

意外なことに、攻撃の最善の形のひとつは、手の平を使うことだ。手首をそらせて、5本の指を内側に軽く曲げる。敵が自分に向かってくるまで待ち、相手の勢いを使って攻撃の威力を高めよう。

❶　意外性を最大限に生かすため、敵から離れずに、手の付け根か手の平で、相手のあごか鼻を下からたたき上げる。あごに当たらなくても、おそらく鼻に当たる。鼻も標的としてはまったく悪くない。

❷　一撃を加えたら、フォロースルーとして即座に敵の目を引っかく。

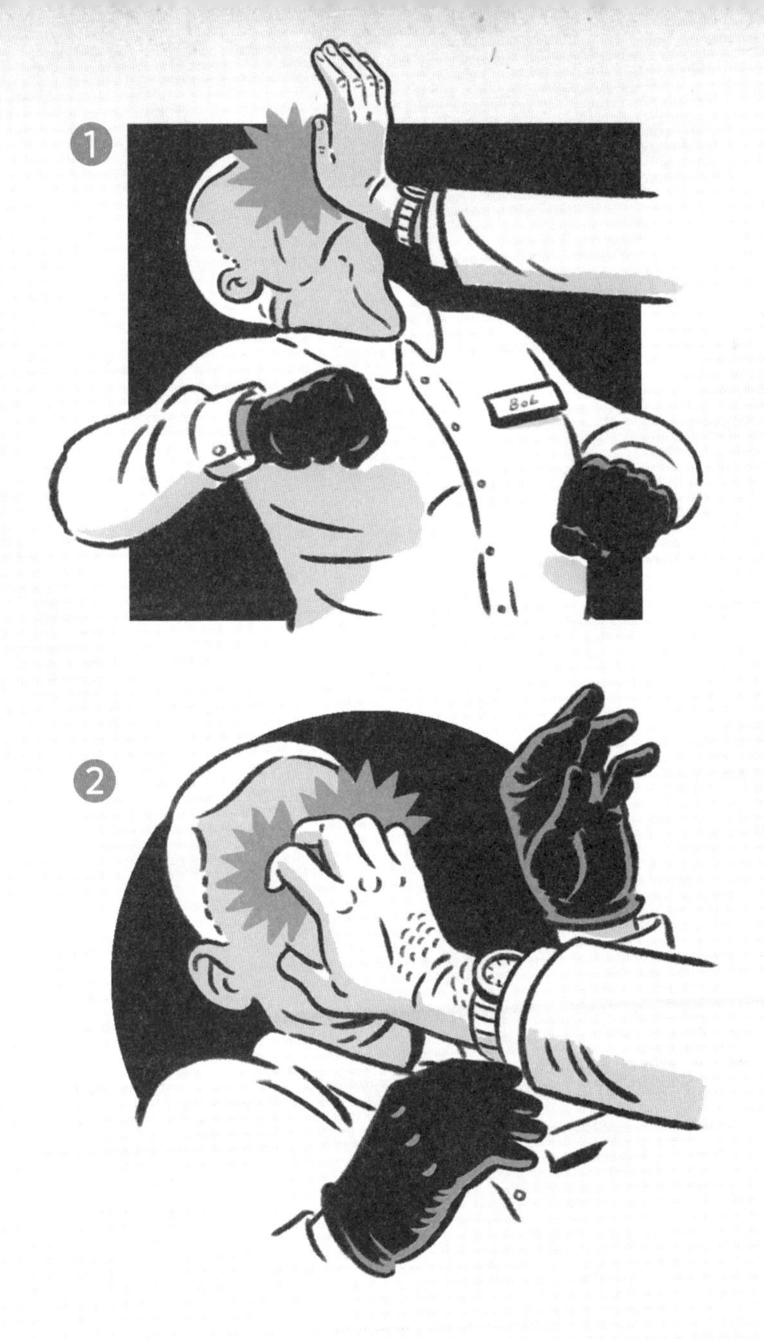
1
Bob
2

指

手の爪を伸ばし、硬く鋭利な状態にしておけば、恐るべき武器になる。手の力が強いなら、爪の攻撃力も見逃せない。

戦いになったら、トラのかぎ爪のつもりで、相手の顔や目をたたき、えぐり、引っかく。あるいは、爪を彫刻で使うノミの形に整え、親指は中に折り曲げて、ヘビのような動きで突き刺す手もある。顔ならどこでもいいが、とくに目をねらおう。

歯

敵の体の肉付きのよい部分が近くに来たら、恐れずに思い切りかみつこう。力のかぎりかみついて、イギリス原産のブルドッグのように、絶対に離さないのだ（効果があると思うなら、うなり声を上げてもいい）。一般的な人でも、あごは1平方インチあたり平均55キロの力を加えられる。あごの力が強い人なら70キロ近くになる。これだけ深刻なダメージを与えられるのだから、非常時には遠慮せずにかみつこう。また、かみつかれると本能的な恐怖心が湧く。それだけで相手は退散するかもしれない。

ひとつだけ注意点がある。あなたが総入れ歯の場合は、かみつくのは賢明ではない。

ひじ

ひじは、体に備わる武器庫の中でも、間違いなく最強クラスの武器のひとつだ。また、こぶしより意外性を生かしやすく、大きなダメージを与えられる。敵と至近距離になったら、あごの下か股間、みぞおちに、ひじを下からたたき込む。

あるいは、羽交い締めから逃れるときのように、体を左か右にひねってから、敵の顔、のど、腹、腎臓、股間を、ひじで強打してもいい。

可能なら、片手でひじ打ちするより、両手を組んで両肩の力を使ったほうが強度が増す。

『燃えよドラゴン』（1973 年公開）で、攻撃の構えを取るブルース・リー。銀幕の外では、戦うのはどうしても必要なときだけにすべき、というのがリーの信条だった。

映画『燃えよドラゴン』では、少林武術の達人で指導者のブルース・リーに、イギリス人諜報員のブレイスウェイトが接触する。ブレイスウェイトは、武術大会に出場する名目で、犯罪組織のドンと目される人物が私有する島へ行き、犯罪の証拠を持ち帰ってくれ、とリーに依頼する。リーの優れた武術の腕前は、カバーストーリーとしても、島での自衛手段としても不可欠だ。しかし、彼は可能なかぎり鉄拳より頭脳を使うことを選んだ。船上でのあるシーンでは、ほかの乗員をいじめていた男に絡まれるが、悠々と打ち負かす。といっても、海中にたたき落とすわけではない。リーは、うまく言いくるめて荒くれ者を小舟に乗せる。ふたりで近くの浜辺へ行けば、「戦わずに戦う流儀」をきちんと見せてやれると言ったのだ。その流儀は、男が思っていたよりずっと早いうちに明らかになる。リーは小舟のロープをといて、ニュージーランドなまりの男もろとも、争いの種を害の及ばないところへ流し去ったのである。

前腕

前腕は野球のバットに似ている。ホームランを打つつもりで使おう。上体ごとひねって前腕を振り、敵の頭や首、顔に、手の甲を打ちつける。

ひざ

ひじよりさらに危険な武器となるのがひざだ。ひざは、男に破壊的な一撃を加える上で理想的な位置にあり、とりわけ相手が自分に向かってくるときに威力を発揮する。

意外性を失わないように、顔を守ることだけに関心があるフリをして、敵の目を見る。敵が射程圏内に入ったら、あらんかぎりの力とスピードで、股間にひざをたたき込む。命中すれば、相手は二つ折りになって股間を押さえるしかなくなる。こうなったら、ひざを活用する第二のチャンスだ。二つ折りになった相手の後頭部をつかんで下にたたきつければ、ひざで顔を蹴り上げたときの威力が倍増する。

足

体のどこをキックしても、たいてい激痛を与えられる。つま先がスチールで覆われた靴なら、さらに効果的だ。キックする前に脚を後ろに振り上げないように気を付けよう。次の動きを相手に読まれて、キックをよけるチャンスを与えてしまう。さらには、蹴った脚をつかまれて、バランスを崩す恐れもある。片脚に全体重をのせ、スナップをきかせて蹴る。標的は下腹部、股間、ひざだ。

声

敵が油断しているときに大声を張り上げる。相手にショックを与えて、一瞬でも不意を突くことができれば、わずかに優位に立てる。それが形勢逆転につながる可能性もある。

恥ずかしがることはない。鋭い叫び声には、相手を驚かせるだけでなく、打撃の集中力とパワーを高める効果もある。また、助けを呼ぶ働きもする。窮地に陥ったときは、一般市民を呼び寄せよう。

10

武器から身を守るテクニック

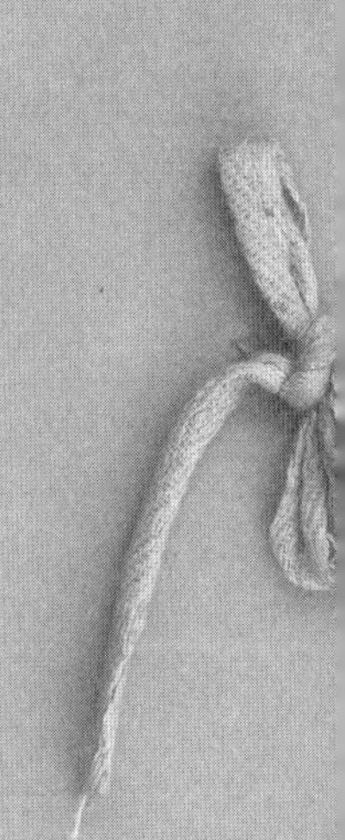

「武器で襲われたときに身を守る方法」、招待状にはそう書いてあった。刑務所から釈放されたばかりの男が、プレゼンテーションをするという（本名は出したくないのでジョセフと呼ぶことにしよう）。ジョセフは、凶器による重大な身体傷害と殺人未遂の罪で、「女王陛下のお許しが出るまで」、10年以上服役した。なるほど、その道の専門知識を教えるのにはぴったりの人材に思われた。

武器に対する防御方法は、SASとMI6に在籍中も、私がずっと興味を抱いていたテーマだ。ナイフや、なお悪いことに銃で武装した敵を撃退できるという強い自信は、持てたためしがなかった。参加費が50ポンドというのは少々法外な気もしたが、実体験のある人から学べるなら、それだけの価値はあるだろう。そう考えた私は、招待を受けることにして、50ポンドを支払い、イベントを心待ちにしていた。

会場の小さな劇場に詰めかけた人は、軽く100人を超えていたに違いない。ざっと計算してみると、前科者のジョセフは1時間で5000ポンドほど稼げることになるから、悪くない仕事だ。

ステージにふらりと現れた彼は、長身でがっしりした体をしていた。顔には派手な戦いの傷痕がいくつも残る。きっと塀の中で作った傷だろう。鼻も曲がってごつごつしている。どう見ても、ケンカはおろか、口論になるのも避けたいタイプだ。腰には革のベルトを巻き、そこに刃渡り20センチほどのナイフをホルダーに入れて下げている。ジョセフはアシスタントを紹介した。18歳くらいの感じのよい青年だ。続いて、こう説明した。刑務所を出てからというもの、武装した者の攻撃から身を守るテクニックを開発しようと、日夜励んできた。そのテクニックを若いアシスタントに教え、彼は練習して完璧に身に付けたから、それを今から実演する。

観客は（私を筆頭に）期待に胸をふくらませて静まりかえった。ふたりの実演者が向かい合って立ち、早撃ちの決闘シーンのように、両側に下げた手を腰の辺りにわずかに浮かせている。師匠がナイフを抜くと、弟子はそれをまじまじと見つめ、きびすを返してステージから走り去ると、それきり二度と姿を見せなかった。

「さあ、わかったでしょう。あれこそが正しい行動です」とジョセフは言うと、満面の笑みで観客におじぎをして、ステージの左手に引き下がった。

その後の騒ぎときたら、かなりのものだった。自腹を切った観客たちは口々に不満をこぼし、ぼったくりだ、金を返せと要求する人も少なくなかった。だが、もちろんジョセフとアシスタントは正しいのだ。ナイフを振りかざす者を相手にするときは、ナイフの切っ先からできるだけ遠ざかり、距離を取り続けること、という助言に勝るものはない。

そのためのテクニックをこれから紹介しよう。

事例研究：
セシル・パール・ウィザリントン

ジュヌビエーブ・トゥザラン、あるいはパール・コーニオリーの名でも知られるセシル・パール・ウィザリントンは、英国の特殊作戦執行部のメンバーだった。この組織は、ウィンストン・チャーチルの指令を受けて、「欧州を燃え上がらせる」ことを使命に1940年に設立された。1943年、ウィザリントンは、ドイツに占領されたフランスの解放を目指す作戦の一環で、同国にひそかに武器を持ち込む任務を与えられた。彼女の偉業の中でもとりわけ見事なのが、上官が拘束されたあと兵士を指揮して、14時間にわたって戦い抜いたことだ。ナチスはウィザリントンがあまりにも邪魔になったので、彼女の死に100万フランの賞金をかけた。しかし、これを支払うことはけっしてなかった。ウィザリントンは2008年に93歳で死去したのである。

ナイフで襲われたとき

とにかくあらゆる手を尽くして、ナイフを持った相手との争いは避けることだ。ナイフで脅して金品を要求されたら、ためらうことなく持ち物をすべて差し出せばいい。それでも攻撃が続き、しかも逃げられないとしたら、自分がきわめて危険な状況にあり、命をかけた戦いになると認識しなければならない。何としても、ナイフが届かない距離を保つこと。円を描くように動き続け、前かがみになって常に腹部を引っ込めておく。できれば相手の手首をつかむ。ナイフを握っているほうの手がつかめれば理想的だ。そして、キックかひざ蹴りを股間にたたき込む。脚の側面かひざを強く蹴れば相手は倒れるから、安全なところまで逃げるチャンスが生まれる。持てるものを何でも使って身を守ること。カバンやブリーフケースでもいいし、ジャケットを腕に巻きつけてもいい。

❶　幸運にも、傘や頑丈な棒状のものを持っているときは、バットやオノのように振り回して攻撃したくなるが、それは避けること（もちろん、本当にバットかオノを持っているなら別だ）。

❷　振るのではなく、フェンシングの剣のように使って、敵の顔、首、腹部を突く。こういうふうに道具を使われると、攻撃できる距離まで近づくのは非常に難しい。ボクシングのジャブだと思って、相手が前に出ようとするたびに、急所をねらって突く。こうやって相手を遠ざけながら、人の多いエリアへ動いていこう。ほかの市民に囲まれれば、敵のほうから逃げ出す可能性が高い。

1
2

犬に襲われたとき

体高15センチのチワワにかかとをかじられても、「犬に襲われた」ことにはなる。だが本当に懸念すべきは、危険度ランキングで対極に位置する犬、たとえば50キロを超えるロットワイラーなどだ。それもペットとしてではなく、番犬として飼われている場合である。

犬が近寄ってきても、絶対に目を合わせないこと。飼い主がやるように、大きな声で「ダメ」「お座り」「待て」といった指示を出してみる。これで効果がある様子なら、声を低くして犬を落ち着かせよう。話しかけながら、安全なエリアへ歩いていく。けっして走ってはいけない。もしも指示が無視され、犬が飛びかかってきたら、詰め物で覆った前腕を差し出して、のどの奥へ強く押し込む。腕を押し込み続け、その間に鼻をパンチし、耳をひねり、目をえぐる。可能なら、服から抜け出して腕を自由にする。体が自由になったら、大声を上げよう。叫んでもいい。動物にとって音は非常に重要な意味を持つ。犬はとくにそうで、うなったりほえたりするのも、自分の攻撃性や優位性を強調するためだ。大型犬と綱引きをしてはいけない。人間に勝ち目はないのだから。

郵便はがき

料金受取人払郵便

新宿局承認

3556

差出有効期間
2025年9月
30日まで

切手をはら
ずにお出し
下さい

160-8791

343

（受取人）
東京都新宿区
新宿一ー二五ー一三

株式会社
原書房
読者係 行

1608791343 7

図書注文書（当社刊行物のご注文にご利用下さい）

書名	本体価格	申込数
		部
		部
		部

お名前　　注文日　　年　　月　　日

ご連絡先電話番号（必ずご記入ください）
□自宅　（　　　）
□勤務先　（　　　）

ご指定書店（地区　　　）（お買つけの書店名をご記入下さい）

書店名　　書店（　　　店）

帳合

7397

MI6英国秘密情報部スパイ技術読本

愛読者カード　レッド・ライリー 著

＊より良い出版の参考のために、以下のアンケートにご協力をお願いします。＊但し、今後あなたの個人情報(住所・氏名・電話・メールなど)を使って、原書房のご案内などを送って欲しくないという方は、右の□に×印を付けてください。 □

フリガナ
お名前 男・女(　　歳)

ご住所 〒　　－

市　町
郡　村
TEL　(　　)
e-mail　@

ご職業 1会社員　2自営業　3公務員　4教育関係
5学生　6主婦　7その他(　　)

お買い求めのポイント
1テーマに興味があった　2内容がおもしろそうだった
3タイトル　4表紙デザイン　5著者　6帯の文句
7広告を見て(新聞名・雑誌名　　)
8書評を読んで(新聞名・雑誌名　　)
9その他(　　)

お好きな本のジャンル
1ミステリー・エンターテインメント
2その他の小説・エッセイ　3ノンフィクション
4人文・歴史　その他(5天声人語　6軍事　7　　)

ご購読新聞雑誌

本書への感想、また読んでみたい作家、テーマなどございましたらお聞かせください。

銃で襲われたとき

弾を込めた拳銃で武装した敵に直面したら、あなたに必要なのは、防弾シールドか大量の幸運のどちらかだ。加えて、敵と自分との距離をできるだけ遠ざける。そうでなければ無傷でその場を立ち去ることはできない。間違いなく、これ以上ない最悪の状況だ。とはいえ、試す価値のある戦略はある。一番わかりきった方法は、身をひるがえして逃げることだ。

逃げながら、敵の標的をできるだけ小さくして、命中しにくくする。つまり、体を二つ折りにして、左右へ不規則に動くのだ。相手との距離がたった10メートル程度でも、身をかがめて左右に動きながら逃げる人間に命中させるのは、けっして簡単ではない。距離が広がるほど、逃げおおせる確率は飛躍的に高まる。全速力で逃げるのに必要なエネルギーは、撃たれる衝撃がいつ来るかという恐怖心とアドレナリンによって湧いてくるだろう。銃声が聞こえても撃たれていなかったら喜んでいい。弾丸の速度は音速をはるかに超えるからだ。

武装した相手との距離が近い場合は、逃げ出すのは賢明ではないと判断し、武器を取り上げられるか試すほうが成功の見込みが高いと考えることもあるだろう。その場合は、最終手段に打って出るしかない。

両方の手の平を見せて争う気がないことを示しながら、銃を持つ者にゆっくり近づいていき、相手に向けて話し始める。手が届く距離まで近づいたら、ふいに話すのをやめ、同時に、何かに驚いたようにさっと横を見る。幸運の女神が味方についたら、ほんの一瞬、拳銃をつかむスキが生まれるかもしれない。

そうなったら、ありったけの力で銃をねじり取る。「運は勇敢な者の味方をする」という言葉もある。何とか武器を取り上げることに成功するかもしれない。もちろん、その保証は何もないが。

あくまでもコメディではあるが、1979年の映画『あきれたあきれた大作戦』に、狙撃されたらどう行動すべきか、いいアドバイスが出てくる。まずジグザグ走りをして、それからトンズラだ（アメリカ人はこういうとき、「ドッジからずらかる」と言う。このシーンの舞台は「ティヘイロ」だが）。今やこの映画の名シーンになっている。CIAエージェントのヴィンスは、子どもたちの結婚でもうすぐ親戚になるシェリーを巻き込んで、一緒にホンジュラスの島へ飛ぶ。そこでジーザス・ブラウンシュワイガー将軍と落ち合う手はずだった。ところが、将軍はふたりと話をする前に狙撃されてしまう。車で逃げようにも、キーは将軍のポケットの中だ。シェリーはキーを取りに、将軍の死体まで走らなければならない。それでもジグザグ走りのおかげで（狙撃手の腕もお粗末だった）、何とか切り抜けた。

11

逃亡・脱出の
テクニック

異国の地で何か悪さをしでかそうというときには、逮捕されたり人質になったりする可能性が十分あることも、考えに入れておく必要がある。覚えておいてほしい。重要なのは、罪に問われる事態になったら、ただちに状況を評価して、目指すべき行動方針を決めることだ。何もせず、ただぼーっと突っ立っているという選択肢はない。状況を分析したところ、どうやら逮捕した者たちはあなたのスパイ行為を疑うに足る十分な証拠を持っておらず、自分のカバーストーリーは厳しい調査や尋問にも耐えうるという自信があなたにあるなら、流れに身を任せる手もある。断固としてカバーストーリーを貫きとおして、取調官に対し、自分の素性を細かくチェックして本物だと確認してくれ、と訴えるのだ。一方、間もなく正体が見破られる恐れが現実にある、と判断した場合はどうするか。あなたは刑務所に長期間ぶち込まれ、スパイとしてメディアの前に引きずり出されて、英国政府や西側世界全体に恥をかかせることになる。それなら、逃亡を試みるのが最善の選択肢だ。

逃亡が最善の選択肢だという結論に至ったら、決断を下した瞬間から、そのことだけに全精力を集中させる必要がある。逃亡を図るなら早いに越したことはない。理想をいえば、所持品をすべて取り上げられる前だ。パスポートや電話、金銭を手放さずに済んだほうが、当然、自由でいられる可能性は高い。

投獄され、所持品もすべて取り上げられたあとに、とてつもない幸運に恵まれて逃亡に成功したら、自分は何てラッキーなんだ、もう災難はすべて終わった、という気分になるかもしれない。だが、真実はその逆だ。災難は始まったばかりなのである。再逮捕を避け——これを「回避（evasion）」と呼ぶ——、安全なエリアまで逃げて自由をつかむためには、持てるスキルと知略を残らず駆使する必要がある。

あなたはパスポートも電話も金銭も持たず、敵国でたったひとりだ。警察が、ひょっとすると軍隊までもが、危険な逃亡犯（あなたのことだ）を探している。ふたたび母国を目にするためには、この先、もっと幸運が必要になる。また、捜索隊が取りそうな戦術を知っていたほうが、帰国できる可能性は格段に高まる。おそらく警察は、そもそもあなたの逃亡で恥をかかされて、いささかむかっ腹を立てているだろう。ふたたびあなたを手中に収めるまで、どんな労も惜しまずに、あらゆる努力をするはずだ。また、Google が使えず地図さえない状況で針路を割り出すことができ、大自然の中でのサバイバルの知識も多少は持っている必要がある。気象、星座、月の満ち欠けに関するちょっとした知識は、自由を目指す旅を優位に進める上ですべて武器になる。

ナビゲーション

その地域で出会う人は誰もが敵であり、見つかったらおそらく当局に突き出されると想定しておく必要がある。したがって、移動は徒歩で、夜間だけにしなければならない。日中は横になって休むが、その前に、遠方の目立つものをいくつか選んで、方角をしっかり頭にたたき込んでおこう。十分に暗くなったら、それを目指して進むのだ。単純に、西へ沈む太陽を観察するだけでもいい。

ここで留意すべき点がある。闇は上から降りてくるのではなく、下から昇っていくものなのだ。したがって、低地が暗くなり始めた段階ですぐに出発して高地へ登り始めたら、まだ日差しが残るところへ戻ることになり、敵に見つかる恐れがある。

北半球では北極星、南半球では南十字星を判別できるように、その場所を示す簡単な星の並びを見つける練習をしておこう。この天体の知識があれば、針路を一定に保つために利用していた遠方の目印が見えなくなっても、単純に星を基準にすることで、正しい方向を維持できる。雲が出てきて、いまにも星が見えにくくなりそうなとき、あるいはすでに雲で夜空が覆われているときは、風向きがコンパス代わりになる。その方法は次のとおり。

まだ星が見えているなら、前述のように星を使って、針路の

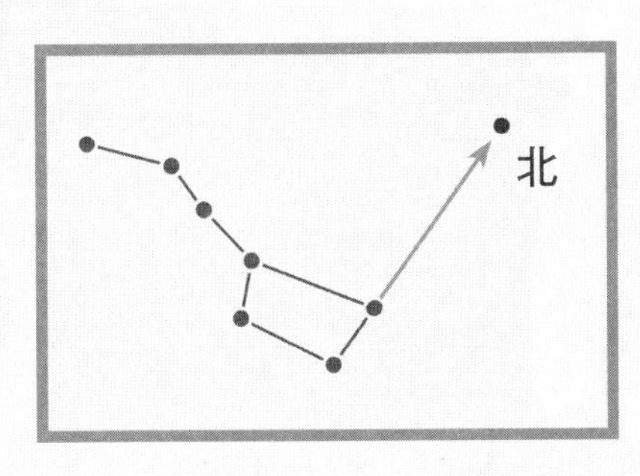

北半球では、北斗七星を見つけ出して、「ひしゃく」の先端にあるふたつの星を探す。このふたつの星を結ぶ線を思い描き、ひしゃくの上を突き抜けてさらに上へ延長する。この線が最初にぶつかった星が北極星だ。真北に進むなら、これを目指せばいい。

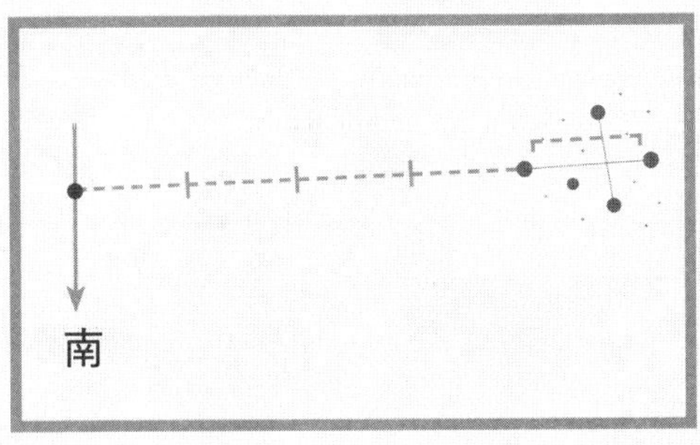

南半球では、南十字星を見つけ出す。十字架の「頭」から「足」へ目を動かして、この線をさらに4つ分延長したところにあるのが、南天の極星だ。そこから地平線へまっすぐ目を下ろした先が真南にあたる。

おおまかな方角をつかむ。雲が出てきたら、星との位置関係で雲が動いている方向を覚える。星が見えなくなっても風の吹く方角がわかっていれば、頭の中でコンパスの各方位を一定に保ち、自分の針路を維持できる。

外に出たときにすでに空が雲で覆われていた場合、風で方角を知ることができるのは、事前に時間をさいて最新の気象情報をチェックしていたときだけだ。それも、自分の現在位置の風向きがコンパスの4つの方位との関係でわかるような情報を確認していた場合だけである。出かける前に天気予報をチェックする癖は、スパイにとってひどく重要な習慣には見えないかもしれない。だが、それで命拾いする可能性もあるのだ。

説明したどちらのケースでも、風向きは自分の体で感じる風ではなく、必ず雲が空を移動していく方向を使って判断すること。地表の風向きは、丘などの自然の地形や人工物に当たって大きく変わる場合があるからだ。

方向感覚を完全に失った場合は、そのまま突き進みたくなる誘惑にあらがわなければいけない。立ち止まって休息を取ろう。太陽が東から昇るのを待ち、自分の針路を確認して、遠方の目印をもう一度選び、夜になったらふたたび歩き出すのだ。

捜索隊から身を隠す

あなたを見つけ出すために送り出される捜索隊は、追跡犬とヘリコプターを使う可能性が高い。熱感知カメラや赤外線センサーも装備しているかもしれない。捜索隊が追跡犬を使っていたら、においを隠すためにあなたにできることは、ほぼないといっても過言ではない。小川に入ってバシャバシャと往復したところで、自分がぬれて、みじめな思いをするだけだ。動物のふんを体に塗りつけても、犬をごまかすことはできない。せいぜい、つかまったときに、あなたに近づく者に不快な思いをさせるのが関の山である。現実的に効果があるのは、できるだけすばやく移動することだけだ。そうすれば、前進の遅いブラッドハウンドと（願わくは）運動不足のハンドラーを、大きく引き離せる。

上空からの捜索に対しては、動きと熱によって居所がバレる可能性が最も高い。接近するヘリコプターの音に気づいたら、ただちにできるかぎり身を隠し、微動だにせずにじっとして、見上げたりしないこと。日中、横になって休んでいるときに周辺にヘリコプターが来たら、ありったけの素材で体をすっぽり覆う。外に漏れる熱を最小限にして、熱感知カメラに体が映し出されないようにするのだ。また、硬いものの下で横になるようにしよう。部分的にでもいい。たとえば岩や張り出した枝の下にいれば、体の輪郭が分断される。

サバイバル

サバイバルというと、軍の古い格言が真っ先に思い浮かぶ。それは、「食べ物なしで３週間、水なしで３日間、弾薬なしで３分間生きられる」だ。

ここでは、民間人が逃亡して再逮捕を回避するシナリオで、銃や弾薬は持っていないと仮定しよう。その場合でも、ほぼ確実に、何日も生きられるだけの脂肪は体についている。だとしたら、あとは水を見つけて脱水症状を避けることだけに注意を向ければいい。

脱水症状は命に関わる。だから、自由を目指して国境へ向かう道中で、機会あるごとに少しずつ水を飲むことを心がけよう。海水と尿はけっして飲んではいけない。流れていないよどんだ水もダメだ。通り雨が降ったら、純粋で不純物のない雨水を、できるだけたくさん飲むようにする。谷底を流れる水を探そう。これは、周囲の斜面から流れ下った雨水だ。

ただし、小川を見つけても用心すること。その水がきれいだという保証はない。そうでない可能性は高いが、非常時なら選択の余地はないだろう。下流へ100メートルは歩いて、羊など大きな動物の死骸がどこにもないことを確認しよう。腐敗した死骸による中毒を避けるためだ。

可能なら、どんな水でも（雨水は除く）、飲む前に煮沸すること。また、近くに緑の植物がまったく生えていない場所にたまった水は避けよう。煮沸しても除去できない化学物質で汚染されている恐れがあるからだ。

逃走ルートを選ぶ

逃走ルートは、できるだけ直線的に国境にたどり着くものにする。そうすればナビゲーションが単純になるし、追いかけてくる捜索隊と追跡犬を引き離せる。人が住むエリアや建物はすべて迂回する必要がある。住民や番犬などの注意を引く事態を避けるためだ。

一般に、周囲より高い土地をたどっていくのが最善だ。沼地が谷底よりも少ないし、視界も良好なことが多いから、すばやく移動して距離を稼げる。

国境に近づいたら、慎重に進むこと。当局はあなたのねらいを予期して、周囲のパトロールを普段より強化しているだろう。国境検問所が見えるところまで来たら、丸１日は身を隠して、検問所や周囲の動きを観察する。この機会に、脱出ルートを綿密に計画しよう。一番簡単で誰もが選ぶような踏みならされた小道やルートは避けること。最後の残りわずかな距離が、ダントツで最も危険だ。だからじっくり時間をかけよう。暗くなってからも数時間は待って、巡回に出ている可能性がある夜間パトロールについて把握し、それから国境横断を試みる。危険がないと思われるタイミングで、できるだけ物陰に身を隠しながら、すばやく静かに移動する。

無事に国境を横断したら、最も近いイギリス大使館あるいはあなたの国の大使館か、イギリス連邦加盟国なら高等弁務官事務所に駆け込んでいい。あなたがスパイなら、記憶に刻み込んだ番号に電話をして、事前に取り決めたコードネームを大使館職員から伝えてもらうだけで、間違いなく安全に帰国できる。しかし民間人の場合は、一時的な避難を嘆願する必要がある。

1983年の映画『007/オクトパシー』の冒頭では、イギリスのエージェントである009が、この本でやってはいけないと教えているありとあらゆることをする。ピエロの格好でサーカスから走り出した009は、東ベルリンから脱出しようと試みるが、ふたりの暗殺者が背後に迫る。009が着替えてから逃走すべきだったことは、すぐにはっきりする。ピエロの靴を履いていて走りにくいだけでなく、風船は破裂して音を立てるし、顔を真っ白に塗っているから、暗闇でも簡単に追跡されてしまうのだ。さらに悪いことに、009は逃げるときにほぼまっすぐなコースを取り、そのあと橋をよじ登ろうとした。追っ手はナイフ投げの双子だから、これでは格好の標的もいいところだ。案の定、敵の投げたナイフが背中に命中。009はイギリス大使公邸によろよろと転がり込んだ直後、息絶える。

12

偽装のテクニック

偽装、つまり虚偽と不正の技術は、長年の間、旧ソ連のKGB、アメリカのCIA、イスラエルのモサドなど、世界のほぼすべての国の諜報機関によって磨き上げられてきた。そこにはもちろんイギリスのMI6も含まれる。人をあざむくこうした手法は、非標準作戦工程、極秘行動、隠密訓練メソッド、デリケートな作戦など、さまざまに呼ぶことができる。しかし結局はすべて同じ。偽装にほかならない。偽装とは、要するにでっち上げ、だます技術である。

広く受け入れられているこのメソッドを主要な戦略に選ぶと、ひとつ大きな問題が伴う。いったん悪いほうに進んだら、恐ろしく悪い方向に進む性質があるのだ。ウソはあばかれる可能性があり、そうなったら、政府機関にとって面目丸つぶれの事態に発展しかねない。関係したエージェントにとっては、面目よりも危険のほうが深刻だ。民間人の場合、ウソがあばかれたら、自分のウェルビーイングはもちろん、仕事や個人的評判にも響き、友人や家族にまで影響が及ぶ恐れがある。だから覚悟してほしい。偽装は、きわめて危険な手法なのだ。MI6のある作戦が、これをうまく説明している。完全なヘマと呼ぶのがふさわしい、忘れがたい事件だ。

1957年の夏、イングランドの南海岸、チチェスター近郊の人けのない入江に、頭部のない死体が打ち上げられた。その前年、入江からそう遠くないところに、ソ連の最高指導者ニキータ・フルシチョフが、イギリス公式訪問のため、巡洋艦〈オルジョニキーゼ〉で到着した。この巡洋艦は完成したばかりで、さまざまな最新技術を搭載したソ連海軍の誇りだった。

MI6は、“バスター”・クラブの名で知られる英国海軍中佐に、久しぶりに潜水服を引っ張り出して巡洋艦の下に潜り、とくにプロペラを中心に、できるだけ多くの情報を集めるように、という指令を出した。忠誠心の強い中佐は、躊躇せずに任務を引き受けたが、彼のダイビング用具は、1年近くもの間、ロッカーに眠ったまま使われていなかった。それきり、クラブの姿を見た者はいない。そして1年後に、頭部のない謎の死体が打ち上げられたのである。

当時のMI6長官、サー・ジョン・シンクレアは、偽装をうまく使えば当局を煙に巻くことも可能だと、年下のインテリジェンスオフィサーたちに身をもって示すため、聴聞会で勇敢な試みに打って出た。訪問中の国家元首に対してここぞとばかりにスパイ行為を働くような者が自分の組織内にいると示唆されるとは心外だ、と息巻いたのである。さらには、頭部のない死体の身元を特定する証拠は何ひとつないと主張した。また、クラブ中佐は無断で長期にわたって欠勤しているので、今は話を聞くことができないと認めた。いうまでもなく、シンクレアはウソをついていた。控えめに言っても、真実をいくぶん省略していた。だが残念ながら、彼はウソが下手だったのである。赤面したシンクレアは、聴聞会のあと間もなく長官の任を即時に解かれた。要するにクビだ。

この事件のファイルは、60年近くが経過するまで一般に公開されなかった。そこには、「トレードクラフトのミス」「犯罪的な愚行」といったMI6への痛烈な批判が並んでいた。また、「デリケートな作戦というものは、不発に終わった場合に非常に深刻な醜聞を生じやすいカテゴリーに分類される」と記されていた。

この大失敗にもかかわらず、偽装はいまも健在で、実質、存在するすべての諜報機関が行っている。もちろんMI6は、自らの「トレードクラフトのミス」と「犯罪的な愚行」を教訓とした。だが、ウソをつくことはやめなかった。ウソをつくときは、もっと熟慮を重ね、裏付けとなる偽の証拠を用意し、真実味を増す努力を欠かさないようにしたのだ。

この点に関しては、あなたも見習ったほうがいい。

ウソの練習をする

偽の素性で仕事をするエージェントは、要するに俳優になる必要がある。演じる人物のすべてを熟知しておくことも必要だ。どこで生まれ育ち、教育を受けたのか、家族や友人はどういう人で、趣味、娯楽、仕事は何かなど、数え上げればきりがない。優れた俳優でもセリフを言う稽古が欠かせないのと同じで、あなたにもウソをつく練習が必要だ。練習すればするほどウソをつくのが楽になり、話しぶりにも説得力が増していく。

スパイとして成功する可能性をできるだけ高めたいなら、日常生活の中で「ささやかなウソ」をいくつか言うことから始めよう。スパイに必要なトレードクラフトをマスターすると決意した者は、いくつもの課題に直面するが、その中でもこれは最大級に難しいかもしれない。積極的にウソをつく——意識的に、何のためらいもなく、それほど必要ないときにもそうする——ことに、普通の人はたいてい大きな抵抗を感じる。だが、忘れてはいけない。これは生き残りをかけた準備なのだ。命を危険にさらす状況になると思うなら、ウソをつくことに慣れ、ウソの名人になっておいたほうが得策だ。

まずは、害のない単純な主張から始めよう。

「いやだ、まさか。制限速度を超えたら危ないじゃない。そんなこと、私は絶対にしない」

「遅れて悪かった。息子が車の鍵を隠しちゃってさ、探すのに恐ろしく手間取ったよ」

「その服、あなたにすごく似合ってる」

「当然だよ。利用規約は契約する前に必ず読むさ。みんな、そうしてるだろう？」

「ええ、同感。骨が太い人っているのよね。あなたもそうよ」

シナリオは無限に考えられる。小さなことから始めよう。自分の行動やその理由について、別の現実を作り出すことに慣れておき、必要なら即座にできるようになるのだ。ポイントは、口に出す前に考えること。そして、ウソをつくときに目を片方にそらしたり鼻をかいたりせずに、穏やかな普通の大きさの声で話すことだ。練習を続ければ、偽装はあっという間にあなたのDNAの一部になる。

真実に近づける

カバーストーリーは、どんなときも可能なかぎり真実に近いものにすること。誕生日とファーストネームは自分のものを使おう。強いなまりがあるなら、偽の住所は自分が生まれ育った地域の近くにしたほうがいい。

重圧にさらされたときには、自分が誰で、何をすることになっていたかを思い出すだけでも大変だ。別の誕生日や、別の地域に引っ越した理由を思い出すとなれば、なおさら難しい。

こうしておけば、カバーストーリーの信ぴょう性も増す。あなたのしゃべり方が偽の出身地に合ったものなら、疑い深い人間でも、素性を問いただそうと考える理由は減るだろう。

アイコンタクト

「ウソの練習をする」の項目で触れたように、目を合わせないと、真実を話していないことが確実にバレる。目をそらすことほど、これはウソだと相手に強く確信させるものはない。

偽装の名手になるなら、ウソを言いながら自然なアイコンタクトを維持できる必要がある。「自然」というからには、普段以上にじっと見つめるのも、まばたきが多すぎるのもダメだ。ただ話し相手の目を見て、自然に呼吸し、リラックスするように努める。

習うより慣れろと言っているのは、このためだ。練習を積めば、目をそらしたり不必要に固くなったりしなくなる。

真実のベールで包む

「真実のベール」といっても、悟りの境地に達するには幻想の7つのベールを取り除く必要がある、といった話をしているのではない。目もくらむようなライトを突きつけられて荒々しい尋問を受けている最中に、そんなことをやるのは至難の業だろうし、そもそもどうやるのか、私には見当もつかない。そうではなくて、カバーストーリーの中に、隠しているのも無理はないと思うような要素を含めておくべき、ということだ。少しばかり緊張して見える理由を説明できるかもしれない。これを考えるときは、カバーストーリーを利用する状況も考慮に入れよう。機内にいるときや空港で搭乗を待っているときなら、飛行機に乗るのが苦手な人物という設定にするのもいいだろう。あるいは、誰かを誘惑しようとしているときなら、これまで真剣なつきあいをしたことがない人物といった設定が考えられる。

可能性は無限にある。緊張している理由を事前にしっかり考えておけば、緊張を隠せないときに言い逃れができる。

ポリグラフをだます

強制的に尋問される事態になったら、知っておくべき大事なことがある。それは、ポリグラフ、いわゆるウソ発見器は、ウソを検出する機械ではないということだ。この機械は、それぞれの質問に対する生理反応を検出して比較するのである。これに確実に勝つには、「真実を、すべての真実を、真実のみを語る」しかない。

あなたは敵に取り囲まれて、このやっかいな機械とコードでつながれている。悪人たちがあなたの正体に勘づいていることも、絶対に真実を話せないこともわかっている。だとしたら、少しばかり緊張するのはほぼ確実だし、正気を失うほどの恐怖に襲われるかもしれない。だが、不安は押し殺そう。助けはもうすぐ来る。警察も検事もモーリー・ポヴィッチ［アメリカのテレビ司会者で、トークショーでポリグラフを使った］も、あなたには知られたくないことがある。実は、ポリグラフをだますことは可能なのだ。

まずは、気持ちを落ち着かせて、呼吸をコントロールする努力をしよう。そうすれば、自分の不安を受け入れて、それを利用することさえ可能になる。

ポリグラフのスイッチが入ったら、あなたは大量の質問を次々に浴びせられる。そのほとんどは、喜んで正直に答えられる質問だ。たとえば、「生まれた年は？」「今朝、朝食を食べたか？」「ウソをついたことはあるか？」など、どれも簡単だ。だが、こうした質問の合間に、絶対にウソをつかなければならない質問がはさまる。「この国に不法に入国したか？」あるいは、おなじみの「お前はスパイか？」など、間違っても口外できないことを聞かれる。私が提案する対策は単純なものだ(100パーセント成功するとは保証できないが、シンプルな方法だし、実際にほとんどの場合は成功する)。

あわてて答えてはいけない。数秒かけて考えよう。喜んで真実を話せるときは、あえて自分を不安にする。何かゾッとすることや怖いことを考えて、尻に力を入れる。対して、ウソをつく必要があると判断したら、その逆をやる。何か心地のよいリラックスできることを考えて、尻の力を抜くのだ。

ポリグラフがどんな結果をはじき出しても、ウソをついているのがはっきり見て取れると検査官は言うだろう。だが、信じてはいけない。それは不可能なのだから。検査官はウソをついており、あなたにはそれがわかっている。適切なタイミングで、自分を不安にしたり安心させたりし、同時に尻の力を入れたり抜いたりすれば、ポリグラフをだますことができる。したがって、検査官をあざむくこともできるのだ。

2010年6月27日、FBIがロシアのスリーパーエージェントを10人逮捕した。アメリカ政府はこの組織を「不法移民プログラム」と呼ぶ。この一連の事件と、関係するエージェントの長期にわたる偽装工作は、スパイドラマ『ジ・アメリカンズ』の下敷きとなった。非常に面白いドラマだが、ロシアのスリーパーエージェントプログラムの実話は、それ以上に驚くべきものだ。

ニュースサイト『ビジネスインサイダー』の2018年の記事によれば、上記のエージェントを操っていたのは、ロシアの対外情報庁（SVR）のいかがわしい機関である「S局」と、軍参謀本部情報総局（GRU）だという。英国議会では、国内におけるロシアの干渉行為について、シンクタンクのインスティテュート・フォー・ステートクラフトの上級研究員であるヴィクター・マデイラが証言し、現在、英米両国内にいるスリーパーエージェントの数は、冷戦時代より大幅に増えている可能性が高いと話した。

こうしたスリーパーは、手の込んだ経歴を周到に作り上げて、偽の素性で外国に居住している。そのため、必要とされるまで、ときには派遣された国に潜入してから数十年もの間、怪しまれることなく生活を送っている。たいていはノンオフィシャルカバーの立場で（政府職員やインテリジェンスオフィサー以外の役割を演じているということ。したがって疑われにくい）、新しい生活や地域社会に深く入り込んでいるため、発見するのも、対抗・阻止するのも、とてつもなく難しい。

上列、左から:リディア・グリエフ（偽名シンシア・マーフィー）、ナタリア・ペレウェルゼワ（偽名パトリシア・ミルズ）、アンナ・チャップマン、エレーナ・ワウィロワ（偽名トレーシー・リー・アン・フォリー）、ヴィッキー・ペラエス。下列、左から:ウラジミール・グリエフ（偽名リチャード・マーフィー）、ミハイル・クーチク（偽名マイケル・ゾットリ）、ミハエル・セメンコ、アンドレイ・ベズルコフ（偽名ドナルド・ハワード・ヒースフィールド）、ミハイル・ワセンコフ（偽名フアン・ラザロ）

数年、ときには数十年もの時間が流れたあとで、命じられたスパイ行為を実行したり、貴重な情報を引き出せる人脈を築いたり、あるいは単純に、混乱や分断の種をまいたりする。スリーパープログラムは、こうした「長期戦」をいとわない。だからこそ、ロシアにとっては価値が高く、ほかの国々にとっては危険なのである。

13

情報収集のテクニック

ほとんどの政府は、金準備と呼ばれる金（きん）を大量に保有することにしている。その目的は、国の財政や政情が不安定になったときに、多少の安定と安全を確保することだ。地下の保管庫にしまい込んだ黄金が多ければ多いほど、国の安全性は高まったように感じられる。金はたいへん希少で高価な物質なので、手に入れるのが非常に難しい。金を所有する人々は、これに激しく固執し、指の間からこぼれ落ちるくらいなら死んだほうがマシだとさえ考えかねない。機密情報にも同じことがいえる。

イギリスの静かな田園地帯のどこか、あるいは政府の秘密の建物の奥深く、けっして公表されない場所に、国の備蓄機密情報が眠っているのかもしれない。情報には並外れた価値があるから、人知れず蓄えられた情報のご相伴にあずかって、自分が蓄えた機密情報を少し増やしたいと考える者は大勢いる。こうした窃盗行為を防ぐため、公的な機関が組織され、国が蓄えた機密情報を守る責務を与えられた。この機関は、英国保安局として知られるようになった。通称 MI5 だ。

話はこれで終わってもよかったのだが、イギリス政府は隠した機密情報の量に満足せず、もっと蓄えを増やしたほうがいいだろうと判断した。こうして、第二の機関が組織された。その唯一の目的は、情報をさらに集めることだ。機密情報を集められるなら、方法には一切の制限を設けなかった。盗む必要があるなら、それでもかまわない。とにかく政府の蓄えが増え続ければよしとされた。どれほど機密情報が増えても、政府が満足することはない。この第二の機関は、単に「情報部」という名称でもよかっただろう。しかし政府は、自分たちが後ろ盾をする組織が、情報を盗むことだけを目的に外国に人を送り込んでいるという事実を、誰にも知られたくなかった。そこで、言葉が付け足された。こうして生まれたのが秘密情報部である。MI6と呼ばれていることは、ご存じのとおりだ。

MI6のエージェントの仕事は、大部分が機密情報の収集だが、自分がつかんだ機密情報を悪用させないことも仕事に含まれる。スパイゲームでは、全員が同じ原則に従っている。それは、できるだけ多くの情報を手に入れて、取り逃す情報をできるだけ減らすことだ。

情報収集の方法は無数にある。人間から直接集めた機密情報をヒューマン・インテリジェンス、略してヒューミント（HUMINT）と呼ぶ。電子信号から収集したものはシギント（SIGINT）と呼び、ほかにもあらゆるテクノロジーや人工衛星などを使う「INT」が数多く存在する。スパイが主にねらうのはヒューミント、つまり何らかのエージェントから収集する情報だ。たいていの場合、スパイの仕事は単純明快。悪意を抱く人物や機密情報を持つ人物に近づいて、できるだけ多くの情報をしぼり取り、それをロンドンにいる雇い主に伝達するのだ。

これから紹介する情報収集のテクニックは、スパイだけでなく民間人にとっても有効だ。注意すべき点も同じ。

けっしてつかまってはいけない。

盗聴装置を使う

盗聴装置は、要するに小型のマイクと送信器で、日常会話から機密情報を収集するときによく使われる。偽装するのが実に簡単で、ほぼどこにでも仕掛けられる。モスクワのような都市には、盗聴器が部屋の標準の備品として設置されているホテルもある。ハンガーやベッドわきのランプ、無料の筆記用具など、持ち運べるものに隠れていたり、ベッドやクローゼット、テレビ、そしてもちろん電話など、常設の物品の一部になっていたりするのだ。また、待ち合わせをした相手や、近くに立つ他人が盗聴器を身に着けている可能性もある。

スパイ品質の盗聴器を手に入れるのは難しいが、インターネットで購入できる代替品はたくさんある。音声起動のボイスレコーダーの中には、超小型といえるほど小さく、目につかない場所に隠せて、長い会話でも比較的明瞭に拾えるものもある。また、衣類に付けられるほど小さなものもある。インターネットで購入するときは、必ずレビューをチェックしよう。買おうと考えている品が、信頼できるマイクと長寿命のバッテリーを備え、いざというときに簡単に操作できるか確認すること。

こうした盗聴器の設置となると、映画で見るよりもう少し複雑だ。映画の盗聴器は、ペンなどの無害な日用品に偽装されていたり、磁石を内蔵していて、都合よく金属になっている何かの下面にエージェントが貼り付けられたりする。実際には、盗聴器の隠し場所を事前に見極めて、情報交換が行われるずっと以前に設置を済ませておくべきだ。当然、目につかない場所に設置したい。植木の葉で隠れる場所や、棚に飾られた写真立ての裏などだ。ただし、マイクが奥に隠れすぎて、会話の詳細を拾えないようでは困る。隠し場所を選ぶ前に、さまざまな条件下で何度か盗聴器をテストしよう。そうすれば、最終的にどんな録音品質になりそうか把握できる。また、情報交換の様子を録音したあとに、盗聴器を安全に回収する方法を確保しておく必要もある。

盗聴器の探知機や妨害機も、世界のたいていの場所で実に簡単に手に入る。インターネットなら間違いない。信頼できるモデルの価格は、盗聴の危険を考えれば手頃なものだ。優れた探知機は、盗聴器が探知範囲に入ったときに知らせるだけでなく、広い周波数帯の電波を出して、望まない送信をすべてブロックしてくれる。

さらにいいことに、盗聴探知機を持っているからといって、スパイだと決めつけることはできない。実業家なら、人に会話を聞かれたくないと思うのも、もっともだからだ。

もしあなたが、盗聴器で盗み聞きされたくない機密情報を人と共有する予定があるなら、盗聴探知機を購入して、行く部屋ごとにくまなく調べ、ほかのエージェントや情報源と会うときも必ず持ち歩くことをお勧めする。

アメリカの多くの州では、電話や対面での会話を録音したい場合、少なくとも一方の当事者から録音の同意を得たときのみ合法とされることを頭に入れておこう。これは、一方当事者の同意法と呼ばれる。ただしほかの州では、当事者すべての明示的な同意がないかぎり、録音は重い犯罪になる。自分がいる地域の法律を確認し、よほど深刻な状況でないかぎり、こうした「盗み聞き」は避けよう。

盗み聞き

きわめて感度の高いマイクがあれば、どんな音でも拾えるし、遠隔からでも会話を聞き取れる。精密に調整した機器を使えば、遠くの窓の振動を拾って、それを室内の会話の音声に変換することさえ可能だ。こうした専門的な装置を民間人が手に入れるのは難しいだろう。インターネットで購入できるものは、たいてい信頼性も品質もこれには及ばない。本格的な装置が見つかっても、かなりの大金を払うことになる。

幸い、敵のエージェントの盗聴を阻止するほうが、はるかに簡単だ（費用も手頃で済む)。盗聴を阻止する最善の方法は、敵を混乱させるために、近くにあるほかの音源で自分の声を隠すことだ。音楽や、近くを走る車、流水、重機の音を使って会話を隠す。そして歩き回るように心がけよう。たえず動いていると、盗聴装置の指向性と範囲を何度も調整しなおす必要があり、信頼性が低下する。

これに加えて、最近では、盗聴対策の装置や専用のスマートフォンアプリまであって、かなり簡単に入手できる。これらは、人間には聞こえない周波数帯の音を発生する仕組みだが、音声を傍受するほぼどんな装置でも妨害できる。

カメラを使う

手に入れたい情報があるときに、その情報を持つ人間の動きを追い続けると、機密情報の全体像を描くのに役立つ。対象から目を離さない最良の方法は、カメラを使うことだ。

最近は、高性能で高解像度のカメラがどこにでも設置されているようだ。地方でさえ同様である。一部の都市では、市街地で防犯カメラ網がカバーしていない場所を歩こうと思ったら、ひどく苦労する。監視チームは、ターゲットを防犯カメラで追ってさえいれば、たいてい視界に入らない場所にとどまっていられるし、現場に出る必要すらないだろう。優秀なカメラ要員はチームで仕事にあたり、ターゲットを次々に受け渡していくから、監視チームは司令室に座ってのんびりコーヒーを飲んでいられる。現場に出る必要が生じるのは、ターゲットが防犯カメラ網の境界に達したときだけだ。

もちろん、ターゲットの写真や映像を撮る場合、撮影しているのを相手に気づかれたら、あらゆる面倒に巻き込まれかねない。そうなると、情報収集の努力が裏目に出てしまう。何かが起きていると相手に教えることになり、ターゲットが警戒を強めるからだ。また、あなたの行為を問い詰められる事態につながって、作戦全体が台なしになるだけでなく、身体に危険が及ぶ可能性もある。あわせて、公の場で他人を撮影するのは合法である場合が多いものの（自分がいる国の法律を確認しておくこと)、私的な空間にいる場合や音声も記録している場合は、たいてい違法となることにも注意しよう。ただでさえ薄気味の悪い行為だ。そうした写真を撮るのは、敵のエージェントの違法なスパイ行為を押さえる必要があるときだけにしよう。

では、どうすれば相手に気づかれずに映像や写真を撮影できるのだろうか。セオリーどおりの方法は、安全な自分の車の中や、簡単には気づかれない遠隔から撮影することだ。この方法だと、高性能のズームレンズがなければ、ターゲットに接近するのはかなり難しい。

もっと適度な距離で短時間だけ記録を残したいなら、携帯電話を使うのが最も手軽な方法だ。電話に出るとか、ネット検索をするフリをしながら、カメラのレンズをターゲットに向けるのである。電話をしているフリをする場合、うまく撮影したけ

iPhone でカメラアプリを立ち上げ、音量ボタンを押せば、ターゲットの写真をひそかに撮影できる。

れば、必ずイヤホンをすること。そうすれば、ときどき画面に目を向けて、ターゲットが視界に入っているか容易に確認できる。イヤホンをしていれば、ほかの人からは、携帯で何かを聞いている（そして没頭している）ように見える。遠くにある別のものを記録しているようには見えない。

単に、人が見てもわからない方法で写真や動画を撮影したいだけなら、たいていのスマートフォンには、通常より目立たない方法で写真や動画を撮影できるオプションが備わっている。iPhoneを例に説明しよう。カメラアプリを立ち上げて、写真を撮っているようには見えない持ち方で（たとえば手を横に下ろす、腕を組むなど）、撮影したい対象にレンズを向け続ける。あとはスマートフォン側面の音量ボタンを押せば、カメラのシャッターが下りるから、親指で画面を操作する必要がない。親指での操作は、いかにも写真を撮っていると人に気づかせる危険信号になる。iPhoneを持っていない人は、自分のスマートフォンの写真に関するオプションを確認しよう。

技術的攻撃とソーシャルエンジニアリング

ターゲットのコンピューターや通信機器には、ほぼ間違いなく大量の機密情報が眠っている。だが、現代社会ではネット犯罪が広く認知されているので、その情報はしっかり保護されている可能性が高い。複雑なパスワードや暗号化技術、高度な暗号アルゴリズムで保護されていたら、どんなに巧妙な手口でハッキングを試みても、おそらく成功しないだろう。こうした入手困難な機密情報へのアクセスを目指し、ターゲットとその所有物に「技術的攻撃」を仕掛ける際に、補佐役としてエージェントが招集されることがある。

通常、大規模な技術的攻撃を、ひとりのエージェントが単独で試みることはない。一般にデナイアブル・エージェントは、幅広い技能の持ち主が選ばれるが、そこに専門的なIT技術は含まれていない。そのため、成功が見込めるようにするには、もっと適任のエージェントに助力を求める必要があるだろう。つまり、ふたつの独立したチームが連携を取り合って攻撃を行うのだ。

「デナイアブル」が担当するのは、初期段階における現場の偵察と計画の立案、建物への侵入、技術チームが内部にいる間の警備だ。通常、技術チームは、高度な技能を持つ2、3人のITマニアで構成され、通信関連の政府機関から派遣される。イギリスの場合なら政府通信本部（GCHQ）[サイバー関連の情報機関] である。

攻撃に先だち、数日間にわたってその建物を厳重な監視下に置く。敷地を出入りする人間をすべて注意深く観察し、その車両を特定するのだ。建物に人がいる時間帯と空になる時間帯を把握したら、次に、技術者を送り込む好機について意見を取りまとめる。最近では、警備が中～高レベルの施設に入るときは、アクセスカードでパッドをスワイプするのが一般的だ。そうするとゲートやドアが開く。エージェントは、スタッフがオフィスに出入りする際に近づいてカードからデータを「抜き取り」、偽のコピーを作って、夜間の侵入時に使えるようにする。

訓練を受けていない人間が単独で技術的攻撃を行うのは、ほぼ不可能だ。ただし、コンピューターにアクセスする方法はあるし、ねらうコンピューターがある施設に侵入する方法もある。「ソーシャルエンジニアリング」と呼ばれるテクニックを使うのである。「フィッシング」のスパムメールを受け取ったことはあるだろうか。正式な文書を装って、住所氏名や社会保障番号、銀行の口座番号といった情報を提出するよう求めるメールだ。あるとすれば、ソーシャルエンジニアリングの被害者ということになる。たいていは、遠回しかあからさまな脅し文句が書かれている。たとえば、「お客様の口座からの高額の引き落としが記録されました。下記のリンクからお客様の口座を確認し、この引き落としが承認した取引であることを認証してください」といった内容だ。こうしたリンク先で情報を入力するのは、銀行口座の情報を犯罪者に手渡す最も手っ取り早い方法にほかならない。

ソーシャルエンジニアリングには、ほかにも多くのテクニックがある。フィッシングのようにITスキルを必要とするものばかりではない。それをいくつか紹介しよう。

テールゲーティング

テールゲーティングは、制限エリアに入る権限のないエージェント（あるいは犯罪者）が、単純に、権限のある人間の後ろに続いて入り込むことを指す。おそらく、さまざまなスパイ映画で見たことがあるだろう。権限のない人間が配達員を装って、花束とか注文された昼食を指定のフロアや個人に届ける名目で、建物に入り込むのだ。配達のためにいったんドアを通り抜けたら、建物のどのエリアでもアクセスできることは多い。エージェントが長期にわたってこの役割を演じ続けるケースもある。警備チームと顔なじみになれば、懸念が弱まり、やがては警戒がゆるむ。そうなったところで、価値ある情報や財産を盗む目的で建物に侵入するのだ。

プリテキスティング

このソーシャルエンジニアリングの手口では、エージェントは必要な行動を取るために偽の「プリテキスト」、つまり口実をでっち上げて、ターゲットに手助けを求めたり、そのデータや財産にアクセスする許可を取ったりする。たとえば、「緊急」の電話をするためにターゲットの携帯を使わせてほしいと頼み、電話をしている間に重要なメールや写真を転送するような場合だ。あるいは、専門業者を装って訪ねていき、電気や動力、インターネットなどを復旧する名目で（不具合を引き起こした張本人かもしれない）、ターゲットの職場や自宅に入れてほしいと頼む手もある。消防保安官や建築検査士を名乗って、配線の不具合や危険なガス漏れがないか、敷地内の検査が必要だと話す場合もあるだろう。

よくあるプリテキスティング詐欺には、あなたが自宅で遭遇しそうなものもある。とくに郊外に住んでいる場合だ。それは次のように起きる。ある日の夕飯どき、熱々のオーブンややんちゃな子どもたち、訪問客の相手などで、あなたがてんてこ舞いをしているときに、玄関のベルが鳴る。外に立っていたのは男女の二人組で、窓を交換する会社から来たと名乗る。近所の家で仕事をするためにこの地域に来た、作業をしている間に、ほかにも同じような作業を求めている人がいるか聞いて回っているのだと説明する。たいがいは、お宅の窓をちょっと検査してあげましょうと申し出る。あなたが承諾したら、その機会を利用して、家に高価な物品があるか調べ、窓に警報装置が付いているかチェックする。数日後には、あなたは不法侵入やさらに凶悪な犯罪の被害者になっているかもしれない。代わりに、興味がないと答えて、それ以上は話をせずにドアを閉めるべきだ。そして、詐欺を疑わせる人物がうろついていることを地元の警察に知らせよう。そうすれば、近隣住民にその存在を警告できる。警察には、怪しい訪問者の外見を詳しく伝えるようにしよう。

交換条件

交換条件を使った攻撃では、エージェントや犯罪者は、サービスや価値ある物品の提供を申し出て、それと引き換えに情報やアクセス権を求める。法的手続きや必要なサービスを装って攻撃が仕掛けられる場合もある。たとえばマルウェアを駆除すると持ちかけて、コンピューターへのアクセスを（そこに保存された全情報へのアクセスも含めて）求める場合だ。もっと手の込んだ例もある。ターゲットに非常に好ましいもの（女性、武器、金銭など）を提示して、これと引き換えにパスワード、特定のワークステーションやラップトップへのアクセス、敷地への立ち入り許可、個人との接触などを要求するのだ。

ベイティング

ベイティング［「餌で釣る」という意味］は約束から始まる。情報や資格から、アクセスカードのように物理的な物品まで、求められたものを提供すれば見返りをもらえると被害者に思わせるのだ。交換条件の攻撃と似ているが、異なる点もある。ベイティングの場合、攻撃を仕掛ける側は、求めるものを手に入れたあと、約束を果たすとは限らない。初歩的なシナリオとして、「トロイの木馬」に似たものも考えられる。たとえば、ターゲットが偶然見つけるように、ラベルのないUSBメモリーを置いておく。なくしたり置き忘れたりした情報が入っているかもしれないと考えたターゲットが、ファイルを確認しようとUSBをコンピューターに差すと、危険なコンピューターウイルスが読み込まれる、といった具合だ。もっと高度で複雑な攻撃もある。たとえばターゲットは、ダークウェブ上にあるいかがわしい完全に違法な映像ライブラリーに、タダで無制限にアクセスできる権利が手に入ると言われて、これと交換に、軍の兵器システムのログイン認証を差し出す。しかし、ライブラリーにアクセスすると（そもそも偽物だが）、サイト全体がクラッシュして動かなくなるのだ。

ソーシャルエンジニアリング対策

あなたをねらうソーシャルエンジニアリングのくわだてを回避するために、次に示す簡単で常識的なステップを必ず踏むようにしてほしい。

信頼できない発信者からのEメールは開封しないこと。友人や家族からのメールに見えるものであっても同様だ。何か不審に感じる点があったら、まず電話やメッセージアプリ、Eメールで、送信者に直接連絡を取り、文書を送ったか確認を取ろう。

中規模以上のほとんどの企業は、コンピューターやEメールの取り扱い、会社の情報やオフィスへのアクセスについて、方針を明文化している。これは、ソーシャルエンジニアリングの被害や企業の情報が盗まれる危険性を最小限に抑えるためだ。そういったルールを折に触れて見直して、現在、最も広く使われているソーシャルエンジニアリングの手口について、最新の情報を得るようにしよう。こうした手口から身を守る方法を学べるように、研修の機会を提供している企業も多い。

あなたが助けを求めてもいないのに、見知らぬ人から、直接あるいはEメールで、心配事やトラブルへの支援を持ちかけられたら、善意に解釈してはいけない。口にはしないが、あなたが持つ価値あるものをほしがっている可能性が高い。

コンピューターから離れるときは、必ずロックすること。あなたのコンピューターにアクセスできれば、誰でも数秒で望みの情報を取り出せる。きわめて悪質なマルウェアやスパイウェアを仕込むことさえ可能だ。この点に関しては、ウイルス対策ソフトを必ず定期的にアップデートして、そうした攻撃に対して可能なかぎり最善の防御をしておこう。

データを抜き取る

アクセスキーやクレジットカード、携帯電話、車のスマートキーなどからデータを盗むことは、誰にでも非常に簡単にできる。必要なのはデータグラバーだけだ。この装置はスキマーとも呼ばれる。

グラバーを携行するエージェントは、オフィスのスタッフから1メートルほどの距離に近づき、スタッフが持つカードやキーからデータをダウンロードする。あとはそのカードの複製を作るだけで、オフィスの鍵が簡単に手に入る。

最近では携帯電話より大きいグラバーはない。これをポケットに入れた窃盗犯や敵のエージェントが数十センチのところに近づいたら、それだけであなたのデータは転送されてしまう。

民間人がこうした装置を見つけるのは非常に困難だし、実際に購入できる可能性となれば、はるかに低い。誰かがこうした装置を売ろうと持ちかけてきたら、警戒したほうがいい。同時にあなたのデータをスキミングされる可能性が高いからだ。

幸い、自分のデータを守るデバイスなら、購入できるものがたくさんある。スキミング防止機能付きのカードホルダーや、シールド付きの財布などだ。MI6や政府の出費を数ポンドでも減らしたいなら、1枚のアルミホイルでまったく同じ効果を得られる。これも、最もシンプルで安価な方法で最先端のテクノロジーに打ち勝てるという証拠だ。ちょっとした事前の備えと計画がスパイ稼業ではおおいに役立つことも裏付けている。

アコースティック・キティ計画

1960年代のCIAは、機密情報を収集するために、バカバカしい方法を試していた。ジェフリー・T・リチェルソンの著書『*The Wizards of Langley*』(2001年)の中で、当時のCIA副長官秘書ヴィクター・マルケッティが、「ネコを歩く盗聴装置にする」というCIAの試みについて詳しく説明している。このプロジェクトには、「アコースティック・キティ」という漫画のような名前がついていた。

マルケッティによれば、「彼らはネコを切り開いて体内にバッテリーを設置し、配線をつないだ」という。また、望みどおりのタイミングで望みどおりの場所へ行くようにネコを訓練して、録音する対象を管理できるようにしようと試みた。プロジェクトに数百万ドルをつぎ込んだ末に、ネコの出動準備が整ったという判断が下った。調教師がネコに基本的な指示を与えて公園で放したところ、ネコはその場で——ウソのような話だが——すぐにタクシーにひかれてしまった。

プロジェクトの成果を総括した1967年のCIAのメモには、次のように書かれている。「このテクニックを実際に国外で使用する場合の環境上・保安上の要素を勘案すると、(一部削除)の目的のためには、実用的ではないだろうとの結論を出さざるを得ない」。まともなネコの飼い主なら、そのくらいは教えられたのだが。

14

自分で行う応急手当のテクニック

エージェントが海外に派遣され、偽名で活動している場合、医療が必要になっても、治療を受けるのは、不可能とは言わないまでも難しいケースがある。MI6のスパイは、世界の中でも人里離れた場所へ派遣されることが多い。利用できる唯一の医療機関が遠すぎる場合や、医療水準が西側諸国より格段に低い場合もある。たとえトップクラスの病院や医療センターが近くにある地域だとしても、有能なエージェントが助けを求めることは、よほどの緊急事態を除いて、まずありえない。

軍隊では、通常4人からなる最小単位の部隊でも、「パトロールメディック」と呼ばれる衛生兵が加わる。パトロールメディックは多くの場合、医師とほぼ同レベルの高度な技術を持ち、すばらしい医療支援を提供する能力があって、ときには簡単な手術もこなす。だが、MI6のエージェントにそんなぜいたくは許されない。大半の場合、見知らぬ環境で完全にひとりぼっちだ。緊急に医療支援が必要な状況になっても、その支援を行える人間は、鏡に映る自分しかいない。

応急手当は、その場で処置できる軽いトラブルに対処して、不必要な医療行為を避けるために開発された。誰かが深刻なケガを負った場合は、専門的な治療を受けられるまで患者の命を守り、できるだけ苦痛を減らすことが応急手当の役割となる。エージェントの場合、自分の生命や長期的健康が突然おびやかされたら、自分で応急手当を施す以外に選択肢はない。

衛生管理

それほど遠くない昔には、道徳にうるさい社会的指導者の多くが「体を洗ったり身だしなみを整えたりする行為は、不道徳で好色な雰囲気を作り出す」と説き、バスタブにお湯をはってつかるだけでも「罪の前兆」にほかならないとされた。たしかにジェームズ・ボンドを基準に考えれば、それも正しいのかもしれない。なにしろバスルームのシーンは何度もあったし、ベッドルームですら腰にタオルを巻いただけの姿をさらし、責められて当然の「不道徳」な行いも人並み以上にやってきた。

ひどく時代遅れの教えはさておき、すべてのシークレットエージェントは、毎日の習慣で衛生状態を良識的なレベルに維持する必要がある。多種多様な風土で生活し、仕事をすることに伴って、リスクも高まるからなおさらだ。

マラリア、黄熱病、ハンセン病といった多くの熱帯病や結核は、薬やワクチンでも防げるが、石けんと水でひんぱんに体を洗うというシンプルな対策でも予防できる。感染の危険がありそうな場所や、伝染病の潜在的な保菌者と出くわす恐れのある場所を常に意識することも予防策になる。

また、衛生管理の不足は体臭につながることも覚えておいて損はない。体臭のきついエージェントは「灰色」の度合いが下がる。人混みにまぎれて気づかれずに動きたくても、キャベツ臭いせいで誰もが振り返るようでは難しい。

異物で窒息したとき

のどにものを詰まらせて窒息したとき、通常の応急手当では、別の人間が患者を前かがみの姿勢にして、背中を3、4回強くたたくか、腹部突き上げ法（ハイムリック法）を行って、詰まったものを取り除く。シークレットエージェントの場合、ひとりでいる可能性が高いから、どんな自助努力が可能かを考える必要がある。どれほど訓練を積んだスパイであっても、自分の背中をしっかりたたくことは不可能だ。それでも何かしなければならない。それも今すぐに。気道閉塞が起きると、数秒で体の機能を失い、苦しみながら急速に死に至る場合もある。

せきができるなら、躊躇なく体を前屈させて、同時にできるだけ強いせきをする。3回やっても息ができない場合や、せきができない場合は、自分で腹部を突き上げるしかない。肋骨の下で両手を組んで体を前屈させ、手を強く押し上げる。すばやく横隔膜を突き上げて肺から空気を押し出し、その圧力で閉塞物をのどから除去するのだ。イスがあればイスの角を使ってもいいし、ほかのものでもいい。肋骨の下に固定して、体を下へ押し下げる。この方法は痛みを伴う。十分に強くやった場合は非常に痛い。だが、とにかく横隔膜をしっかり突き上げて空気を押し上げ、気道を開放しなければならない。少しくらい痛い思いをする価値はある。ルームサービスでのどを詰まらせてひとりで死ぬよりマシだ。

出血したとき

出血したときに傷口を直接押さえるのは、生まれ持った本能だ。この場合に限っては、本能が教えることこそ、まさに必要な行動である。運がよければ、圧迫を続けるうちに出血は徐々に止まる。

圧迫しても出血が続く場合や、鼓動と連動するように血が噴き出す場合は、動脈が傷ついている。動脈からの出血は命に関わるから、ただちに対処する必要がある。傷口が腕や脚にある場合は、止血帯を利用できるかもしれない。

止血帯を用いるときは、出血している手足の太もも上部か上腕に布を巻く。その布の上に、長い素材、ひも、ワイヤーなどを３回巻きつけ、しばって結ぶ。腕の場合は自分でやるのは難しいから、歯を使う必要があるだろう。次に、頑丈な棒や何

止血帯を締めたあとは、15 分ごとに圧迫をゆるめて、手足の血流を促すこと。

か同様のものを結び目の下に差し込んでねじり、出血が止まるまで止血帯を締め上げる。手足は高い位置に上げよう。止血帯は15分ごとにゆるめなければならない。血液循環がとどこおって手足に恒久的なダメージが残るのを防ぐためだ。圧力をゆるめたときに、少しの間、傷口を観察する。出血が続くようなら、さらに15分間、止血帯を締める。

出血を抑えている間に、自分の状況を分析して、専門的な治療が必要か判断しよう。必要なら、電話をするなり探すなりして、支援を得るために最善を尽くす。不要なら次項に進んで、自分を縫い合わせるという愉快な処置について確認しよう。

縫合が必要なとき

動脈からの出血ではないが、傷がぱっくり開いている場合は、傷口を閉じて感染を防いだほうが賢明だ。まずは、傷口をできるかぎり洗浄する。洗浄は徹底的にやるほどいい。消毒液を持っているか、近くで見つかれば理想的だ。次に必要なのが傷の縫合である。切り傷の縁を引き寄せて、清潔な針と糸で傷口の中央部を一針縫う。ここから傷の両端へ針を進めていく。一針ごとに結ぶこと。そして、清潔な包帯などで傷を覆う。

針と糸がない場合は、粘着テープや速乾性の接着剤を使って傷口をふさいでもいい。

出血の中には、自分で行う応急手当では対処できないタイプがひとつある。それは内出血だ。内臓に損傷を負うほど深く刺されたり強くなぐられたりしたあとで、頭がくらくらし始め、

傷を洗浄したら、消毒した針と糸で傷口の縁を縫い合わせて閉じる。そのあと清潔な包帯で覆う。

脈拍が弱くかつ速くなったら、ただちに治療が必要だ。電話でも大声でも何でもいいから助けを呼ぼう。偽装を放棄したことによる悪影響については、容体が落ち着いてから対処すればいい。

やけどを負ったとき

やけどの程度を抑えるためには、1秒でも早く熱源から離れる必要がある。服に火が付いたときに走り出したら、通気性が上がって、火に酸素という油を注ぐことになる。そういうときは地面を転がって炎を消し、燃えている服をただちに脱ぐこと。

やけどの手当では、冷水か低めの温度の水をなるべく早く患部にかける。患部に水を流し続け、そうしながら周囲の装身具や衣類を取り除く。15分以上は流水にさらすこと。やけどを負った箇所を清潔な布で乾かしたら、傷口をラップかポリ袋で覆う。顔や目にやけどを負った場合は、水ぶくれを抑えるため、横になるのは避ける。

やけどをしたあとは、大量の水分を数時間かけて少しずつ摂取しよう。少量の塩を加えた水が最適だ。

重度のやけどは、痛みと損傷で身動きが取れなくなり、命に関わることもある。こうした場合は、良識に従って、ただちに専門的医療を要請すること。

かまれたとき

何かにかまれたら、それが犬でも猫でも、サル、コウモリ、あるいはトラでも、狂犬病に感染した可能性があるという事実をしっかり認識する必要がある。狂犬病に感染して治療を受けなければ、ほぼ確実に死に至る。まずやるべきなのは、かまれる危険のない距離まで離れたあとで、傷口を徹底的に洗浄することだ。最低でも5分間は洗って、唾液をできるだけ取り除き、感染の危険を最小限に抑える。第二にやるべきなのは、帰国して、できるだけ早く治療を受けることだ。

申し訳ないが、これに関しては高等なスパイの打開策はない。狂犬病は、どう見ても悪い知らせでしかないのだ。

サソリやスズメバチに刺された場合は、刺された箇所をすぐ流水にさらして、水を数分間流し続ける。毒針は慎重に取り除く。縫い針の側面でそっとなでて、毒針を表面に浮き上がらせてから抜く。縫い針で皮膚の下をつついてはいけない。取り除いたら、清潔な包帯などで傷を覆う。

ほとんどのサソリは、大人の命をおびやかす猛毒ではないが、死に至らしめるサソリもいるから、そうしたサソリに刺されたら、専門的な治療を受ける必要がある。

ヘビにかまれた場合、「瀉血」で毒を排出しようと、かまれた箇所を切開するのは厳禁だ。また、吸い出そうとするのもいけない。かまれたのが毒ヘビだった場合（216ページを参照）、できるだけ早く治療を受けること。正しい抗毒素の投与を受けるのが、命を守る最も確実な方法だ。できるだけ時間稼ぎをするために、かまれた箇所は心臓より低い位置に下げ続ける。こうすれば毒の広がりが遅くなる。なるべくじっとして、動くのは助けを呼んだり、かまれた箇所に清潔な包帯をゆるく巻いたりするときだけにしよう。

ボンドの大失敗

映画『007/カジノ・ロワイヤル』でとくにハラハラさせるのが、ダニエル・クレイグ演じる007が毒入りのカクテルを少し口にして、すぐに何かがおかしいと気づくシーンだ。ボンドはトイレに駆け込んで、嘔吐するために大量の塩を入れた水を飲む。次に、ふらつきながらホテルの駐車場を通り抜け、装備の充実したアストンマーティンの救急キットを使おうとする。MI6の後方支援スタッフは、ボンドがジギタリスの毒による心室頻拍（心拍数が危険なほど高まる症状）で苦しんでいるのだと見抜き、車のグローブボックスにある除細動器を使って心臓をふたたび動かす方法を説明する。その前に、ボンドが首に注射したリドカインの効果を見た。

仮に、あなたがジギタリス（キツネノテブクロという名前のほうが有名）の中毒になったとして、除細動器を搭載したスポーツカーを所有している立場ではなくても、心配はいらない。説明したシーンは、医学的に見ると少々ばかげているのだ。除細動器を使ったら、むしろボンドの心拍数がさらに高まるか、心臓が完全に停止するなど、容体を悪化させる可能性がある。注射したリドカインだけで、毒を打ち消すには十分なのである。

15

基本的な
エージェント退避の
テクニック

エージェントといっても、全員がジェームズ・ボンドに似ているわけではない。その姿形はさまざまだ。これまでにも述べたように、007のようなイギリスのシークレットエージェントは、秘密情報部（SIS）、通称MI6に、折あるごとに雇われる。通常は偽名を名乗って、事前に計画されたデナイアブル作戦にあたり、その後、イギリスに帰国する。ほかに、よく「情報源」と呼ばれるエージェントがいる。こちらは、単に自分が居住し仕事をしている国の内部から情報を提供して、金銭を受け取る。その勤務先は、外国の情報機関、軍、科学的な研究開発を行う企業、通信機関などだ。支払われる金額は、提供する機密情報の水準と品質によって変わる。

想像してみよう。ひとりの核物理学者が、家族と一緒にリビアの首都トリポリに住み、カダフィ大佐のために働いている。彼が取り組むリビア政府のプロジェクトは、「濃縮ウラン」を大量に蓄積して、それで核弾頭を搭載した爆弾やミサイルなどの大量破壊兵器を製造しようというものだ。この仮想の科学者は、イギリスのマンチェスター工科大学で教育を受け、悪名高いアブドゥル・カディール・カーン（パキスタン核開発の父）とともに、パキスタン原子力委員会に所属していた。その後、妻とふたりの子どもを連れてリビアの首都に移った、ということにしよう。

カダフィの核兵器計画にこれほどの影響力を持つ高名な物理学者がいたら、西側のどんな情報機関でも、自分たちのために働くエージェントの有力候補者として獲得を目指すだろう。

そこで、MI6のインテリジェンスオフィサーがこの科学者に接触し、親しくなったと想像してみよう。インテリジェンスオフィサーは、核研究施設内部の信頼できる情報を提供すれば、見返りとして、海外に住む遠縁の親族を通すなどの方法で、科学者に多額の報酬を支払うことに同意する可能性が高い。また、MI6はこのエージェント候補に対し、おそらく生涯にわたって、彼とその家族を危害から守るために最善を尽くす、と約束して納得させる必要があるだろう。契約の一部として、エージェントの秘密が漏れて命がおびやかされたら、彼とその妻子をただちに安全な場所へ移動させる計画を整える、といった項目が入るのは、ほぼ間違いない。

あなたがMI6に雇われたデナイアブル・エージェントなら、こうした退避計画を実行することも、おそらく職務のひとつになる。内密の救出活動にどの程度関わるかは、あなた個人の専門性と、計画に陸・海・空のどの移動手段が関わるかで変わってくる。

ここからは、科学者、子どもを連れた家族、役人など、丁重な扱いが必要で、軍務経験がほとんどないか、まったくない人を退避させる場合に最適な救出活動のメソッドを紹介しよう。

ヘリコプターを使う

こうした作戦で使われる可能性が高いのは、最低でも８人が搭乗できるタイプのヘリコプターだ。操縦士１人、副操縦士かナビゲーター１人、身辺警護官１人、そして乗客が最大５人である。エンジンは２基搭載するものが選ばれるだろう。どんな地形や水の上でも安全に飛ぶことができ、エンジン１基が故障しても飛行を続けられるからだ。また、夜間やあらゆる気象条件で飛べるのはもちろん、暗視ゴーグルと「ブラックライト」を使用しての飛行にも対応できる装備を備えているだろう。ブラックライトとは、肉眼では見えず、光増幅光学装置を使ったときだけ見える波長の光を指す。航続距離は、400キロ程度が一般的だ。乗組員は、訓練を受けて非常に高度な水準に達している必要がある。通常、軍での飛行を経験しなければ、必要なレベルの能力は身に付けられない。使用するヘリコプターは、民間市場向けに製造されたもので、控えめな色で塗装される。機体に書かれる登録記号は、世界のどこでも見慣れた、たとえばアメリカの番号などが使われるだろう。

ヘリコプターで退避する一般的な手順は、これ以上ないほどシンプルだ。ヘリコプターを着陸させ、全員を乗せて、離陸する。これだけである。

ヘリコプターの着陸地点を準備する

ヘリコプターで退避を行う場合、着陸地点として最低でも2箇所はチェックし、退避者の収容に適した場所であることを確認して、計画に含める。その場所の安全をおびやかすような変化が起きていないことを確認するため、事前に定期的な偵察を行う必要があるだろう。最大限の安全を確保するため、実際の収容地点はぎりぎり直前まで指定しない。また、常に予備の地点も決めておく必要がある。

現場にいるエージェント（これがあなたの役割だ）は、ヘリコプターの着陸地点の偵察を終えて安全を確認したら、操縦士に対して正確な着陸地点を示さなければならない。そのための印をHLSマークと呼ぶ［HLSはヘリコプター着陸場（helicopter landing site）の略］。

収容のための着陸地点にマークを描くのは、予定の着陸時刻の直前にするべきだ。

必要なら身を隠し、空き地に対して風上で待機する。言い換えれば、常に背中で風を受けるようにするのだ。

ヘリコプターが夜間に到着する予定であれば、ヘリが最終アプローチに入った音が聞こえるまで待ってから、これに向けてフラッシュライトを短く3回点滅させる。操縦士が暗視ゴーグルを使用している場合は、赤外線フィルターを使うこと。

昼間の場合は、料理で使う家庭用の小麦粉などで、着陸エリアの中央に3メートル四方のバツ印を描く。ヘリの接近を目で確認してから行うが、必ず収容時刻まで残り1分を切ってからにすること。ヘリコプターが離陸するときに粉は飛び散るから、脱出ルートを示す証拠は一切残らない。

飛行機を使う

退避に使う固定翼機は、ヘリコプターと同様、少なくとも8人は運べて、エンジンを2基備え、ブラックライトを使う運用に適応している必要がある。一般的な飛行機を使う明らかな利点は、航続距離が伸びることだ。400キロ程度ではなく、最大2800キロは見込める。一方、大きな欠点は、整地された長い滑走路を必要とすることだ。ヘリコプターでの収容なら狭いエリアで済む。

高度な訓練を受けたエージェントが現場にいれば、やって来る飛行機を受け入れられる即席の滑走路を用意できるだろう。滑走路の用意は恐ろしく複雑な仕事にもなりかねない。使用する飛行機の性能特性、空気の密度や温度、地面の状態、周囲の環境、傾斜の有無などを考慮する必要があるからだ。だが、MI6ではこれを単純化している。

エージェントに求められるのは、適切な場所を作り出すのではなく、見つけることだけだ。関係する詳細な情報や説明をできるだけ集めてすべて伝達し、安全に使えるかどうかの判断は、その日の操縦士に任せるのである。

飛行機の着陸場（ALS）の選定、評価、準備については、次項で説明する。

飛行機の着陸地点を準備する

使用可能な着陸地点を見極める際には、平らで起伏のない場所を探す。理想は、最低でも長さ1000メートル、幅100メートルはある場所だ。周囲に障害物があれば、その配置を略図に示す。また、できるだけ重い車両を確保して、それで滑走路を何度も往復する。その際に、地面のくぼみや軟弱な箇所、地面のタイプ、傾斜についてメモする。これらの注意点も略図に書き込む。着陸場所の中間点について、GPSの座標か緯度・経度の座標を慎重に確認して記録しよう。こうした詳細な情報は、すべてできるだけ速やかに飛行責任者に伝える。

予定の収容時刻が迫ったら、滑走路の外縁を示すため、家庭用の小麦粉などを使って、エクストララージのピザと同じくらいの丸印を約100メートル間隔で描いていく。これに沿って大きな矢印も描いて、提案する進入方向を示す。通常、飛行機は向かい風で着陸する必要があることを考慮して描く。

こんな「雑」な準備では航空ファンのおしかりを受けそうだが、請け合ってもいい。世界中のエージェントがこの方法で何度も成功しており、おそらく今後もそれは続くだろう。

飛行責任者と連携して適切な着陸地点を決めたら、小麦粉などを使って100メートルおきに印を付けて、滑走路の外縁を示す。必ず矢印も描いて、着陸時の最適な進入方向を操縦士に知らせること。

車を使う

車で家族を移動させればシンプルだし、悪天候に左右される可能性が低いという利点もある。ただし、国境を越える際のリスクは、当然ながら大幅に高まる。どんなときでも、2台以上の車両で組んでいくのが最善だ。故障の可能性に備えられるし、1台目が乗客の移動手段として敵の勢力に特定されても、2台目に乗り換えることができる。

いうまでもなく、退避活動を行う前に、車両をざっと点検したほうがいい。すべての照明、ワイパー、緊急用ブレーキ、その他の装備がきちんと機能するのを確認するのだ。ブレーキランプの故障で当局に停止を命じられたら話にならない。

そうそう、もちろん事前に満タンにしておくことも忘れないように。

船を使う

MI6の多くのデナイアブル・エージェントは、優れた操船技術を持ち、あらゆるサイズのモーターボートや帆船で海を渡ることができる。あなたが何らかの種類の船の操縦に熟達しているなら、退避手段の有効な選択肢として検討すべきだ。たとえ操船技術がなくても、現場で適切な場所を見極め、準備を整えることは、十分にできる必要がある。

付け加えていえば、船には退避手段として非常に優れた点がある。とりわけ家族全員で退避する場合だ。海の上で一緒にすごすのは楽しい経験になりえるし、普通の生活から引き離された心の傷を癒やすのに役立つ。

マリーナでの収容を手配する場合は、使える船を事前に確保し、船の操縦士に時刻と場所の詳細を伝える。

内密に行う必要性から、家族をマリーナで乗船させるのが不可能な場合は、人里離れた人けのない砂浜から出発する手配が必要になるかもしれない。この手法については、次項でさらに詳しく説明する。

砂浜からの乗船を準備する

砂浜からの出発を準備するときは、退避日に先だって、昼間と夜間の両方について、現場の偵察を行う必要がある。潮位について把握するだけでなく、水深にも注意を払う。使用するのがどんな船でも、水面下の障害物にぶつからずに操船できるだけの十分な空間があることを確認するのだ。

また、収容が夜間に予定されている場合は、月の満ち欠けについても調べておく必要がある。人に見られずに乗客を海へ出したいのに、満月の月明かりの下でやるのは、控えめに言っても逆効果でしかない。

乗客は、キールのない舟かゴムボートを使って、沖合に停泊している母船へ運ぶのが一般的だ。

あなたと乗客は物陰で身を隠しているべきだが、砂浜がはっきり見える範囲にいること。ボートが近づいたら、事前に決めておいた合図を送って、周囲に危険がないことを知らせる。昼間なら鏡などで日光を一定の回数反射させる、夜間なら赤外線フィルターを装着したフラッシュライトを短く点滅させる、といった合図が考えられる。

脱出のために潜入する

ターゲットを退避させるには、ターゲットと接触する必要がある。これは、家へ迎えにいって空港まで車で送るときのように簡単にことが運ぶとは限らない。第二次世界大戦中、亡命中のオランダ女王ウィルヘルミナが、ピーター・タズラーというエージェントに指令を出した。ナチス占領下にあるオランダに潜入して、敵地に取り残されたふたりのエージェントを退避させるという任務だ。1941年のことだから、生易しい仕事ではない。タズラーが取った方法は、破天荒だが効果的だった。ドイツ軍は、スヘーフェニンゲンの海辺のリゾート地に建つパレスホテルに、仮設の司令部を築いていた。大都市ハーグからそう遠くない場所だ。ドイツ人が金曜の夜に毎週ビーチで大規模な夜会を催していることを知っていたタズラーは、パーティーにもぐり込む計画を立てた。仲間のエージェントふたりと協力して、海岸沿いに小舟で移動し、ビーチまでの残りの距離は夜陰にまぎれて泳いで渡った。上陸したタズラーが特注の防水ウェットスーツを脱ぐと、下から完全に乾いた粋なタキシードが現れた。さらに、ブランデーを少々振り掛けて酒のにおいを漂わせ、道に迷ったパーティーの参加者を装って見張りをすり抜けると、酒盛りをする人々にまぎれ込むことに成功した。救援活動のほうは、立て続けに不運に見舞われて失敗に終わったものの、タズラーの独創的なオランダ潜入計画は、何の問題もなく進んだ。映画『007/ゴールドフィンガー』冒頭の大胆不敵な作戦は、ここからヒントを得た可能性がある。

16

高度な潜入・退避のテクニック

とあるビーチで、MI6の4人のエージェントが、キャンバスを張った2艘のカヤックの横に座り、アラビア海に沈む夕日を見ている。

グループのリーダーは、長さ約20メートルのロープで何やら作業をして、イギリスでは「グラブストラップ」と呼ばれる（アメリカならサンフランシスコの路面電車で見た記憶があるかもしれない）つり革に似た輪を、等間隔に4つ作った。次に、バックパックからビールの缶を取り出して、額の汗をぬぐうと、意外にも中身を地面に捨ててしまった。チームの残りのメンバーが驚いて見つめる中、リーダーは小石をいくつか拾い上げて缶に放り込み、これをそっと揺らすと、手製のガラガラの出来栄えに大満足といった様子で微笑んだ。最後に、長さ2メートルほどのひもをビールの缶にくくり付け、このひもをロープのちょうど真ん中にしっかり結びつけた。

チームは全員で身を寄せ合うと、数秒後に奇妙なラインダンスのような動きを始めた。ダンスが終わったとき、4人は5メートル間隔で立ち、2人は右手を、残りの2人は左手を、夜空に向けて上げていた。その後、ロープを巻き取ると、4人はそれぞれにバックパックを背負い、太ももにエスケープナイフ［太いロープやシートベルトも切断できる波刃などが付いているナイフ］を装着して、首にGPSを下げた。そして、月明かりと星だけを頼りに、打ち寄せる波に向けてカヤックを押し出すと、それに飛び乗った。縦1列になって、何もない外海へと静かにパドルをこいでいく。

海岸線から十分離れたところで、リーダーが手を上げ、チームはこぐのをやめた。パドルを船外へ捨て、太ももに手を伸ばしてナイフを抜くと、躊躇なく船底を切り裂いた。水がどっと流れ込む中、チームは泳いで沈みゆくカヤックから離れ、一箇所に集まった。ここで例のロープをたぐり出し、それぞれのエージェントが片手をひとつの輪に通して、しっかり握りしめた。予行演習のとおりに所定のダンスを完了すると、ロープが広がり、４人は５メートルずつ離れて立ち泳ぎをしながら片手を宙に上げていた。これで準備は整った。彼らは暗闇の中、無言でその時を待った。水深２メートルのところには、ビールの缶がぶら下がり、水の動きでカランカランと音を発している。ほんのかすかな音だが、好奇心の強いサメなら1.5キロ先からでも聞きつけて、驚くべき正確さで向かってくる。

そのとき、背びれのような、棒にも見えるものが次第に姿を現し、波を切り裂きながら、ロープの中央と水中の缶に向かって、まっすぐ高速で近づいてきた。ロープが背びれに引っかかって突然ぐいっと引っ張られたかと思うと、大混乱が巻き起こった。

水面を破って潜水艦の司令塔が現れ、左右に大波を作り出したのだ。エージェントは巨大な潜水艦の両側で海から引っ張り出され、ぜいぜいとあえぎ、混乱の中でせき込みながら、あの「地下鉄のつり革」に必死にしがみついている。数秒後、ハッチが開き、引き上げられたエージェントはそこから収容されて司令塔へ運ばれた。ハッチが音を立てて閉じた頃、制服に身を包んだ海軍将校が４人を出迎え、こう言った。

「諸君、HMS〈トラファルガー〉へようこそ。士官室でくつろいでくれたまえ」

この退避方法は――「潜水艦退避」という考え抜かれた名前が付いている――繊細な人には向いていないし、もちろん、年配の核物理学者が妻子を連れて敵地を脱出しようとしている場合にも適切ではない。あなたがこんな試練に直面する日が来るとしたら、私にできる助言は、日々路面電車で通勤する際に、つり革にしがみつく練習をしておくように、ということしかない。というのも、何があろうと絶対にロープを離してはならないからだ。英国海軍はこの手のこととなると非常に協力的だが、それでも、言われたとおりにできない者を拾い上げるために、政府に多額の費用を負担させて潜水艦を180度方向転換し、引き返すのは御免こうむる、と言われるだろう。

もちろん実際には、あなたがこうした高度な方法で退避する必要に迫られることなど、まずありえない。それでも、準備にやりすぎというものはないのも、またたしかだ。万が一、何か予想外の興味深い成り行きで、描写したような作戦や、もっと難易度の高い潜入・退避テクニックを遂行するよう求められた場合に備えて、想定すべき基本的な内容を説明しておこう。

STARによる退避

1950年代中頃、コロラド砂漠で、ひとりのアメリカ空軍将校が座ってブタをなでていた。プロジェクトが目前に迫り、関係者全員の間にひどく興奮した空気が流れていたため、ブタを落ち着かせる必要があったのだ。将校は農場育ちだったのでやり方は心得ており、彼がなでると、ねらいどおりの効果が出た。

ずっしりと重いブタの体がハーネスで包まれ、快適になるよう調整された。次に、ヘリウムを入れた大きな気球がハーネスに接続され、気球は空高く舞い上がったが、最終的には引っ張られて停止し、ブタを持ち上げることはできなかった。幸い、目標は別のところにあった。将校にあごをくすぐられてブタが満足げな表情を浮かべている間に、上空でゴーッという音がしたかと思うと、ブタは空高く舞い上がり、時速160キロを超える速度で飛び去った。

紹介しよう。これこそ、STARと呼ばれる退避方法の始まりだった。STARは、Surface-to-Air Recovery（地対空回収）の頭文字だ。

ヘリコプターも飛行機も着陸できる場所がないときには、きわめて危険な状況からエージェントを救い出すために、STARメソッドが必要になるかもしれない。エージェントはジャングルの中の空き地に立ち、必死に手を振っている。こうした場合は、貨物輸送機が救援に向かう可能性が高い。上空に到着したら、エージェント目がけて大きな荷物が投下される。荷物の下敷きになって死亡していなければ、エージェントはこの荷物を開封し、供給されたハーネスを装着して、150メートルのワイヤーを気球に接続する。気球には、荷物に入っていたタンクでヘリウムガスをいっぱいになるまで入れる。エージェントが見守る中、気球はワイヤーを引きずりながら、ジャングルの樹冠を越えてゆっくり上がっていく。

飛行機は方向転換して気球へ向かって飛ぶ。機体の下には、フォーク状の装置が下がっている。このフォークでワイヤーを引っかけ、エージェントを空き地から空へと引っ張り上げる。そしてワイヤーを巻き上げて、エージェントを回収する。単純な仕組みだ。

こういう状況になったら、私にできる助言はふたつしかない。

(1) ベルトをしっかり締めて、引き上げられるときにズボンが置き去りになる事態を避ける。

(2) 時速400キロで空を飛んでいるときは、両腕・両脚を大の字に広げて、きりもみ状態になるのを防ぐ。

もっといいのは、そもそもSTARシステムが必要になる事態を防ぐことだ。自分の身に何が起きるかを知っていたら、あのブタもそうしていただろう。

STARシステムの使い方。貨物輸送機に合図を送り、ハーネスの入った荷物を投下してもらう。気球にヘリウムを満たし、これを接続したハーネスをしっかり装着する。輸送機がワイヤーをつかんで、あなたを危険地帯から引っ張り上げる。

HAHOによる潜入

真上を飛行せずに、ある場所へパラシュートで降下したい場合、HAHO（High Altitude High Opening、高高度降下・高高度開傘）と呼ばれるテクニックを使うことがある。HAHOでは、エージェントは1万5000～3万フィート（約4500～9000メートル）上空の飛行機から飛び出し、酸素マスクのほか、作戦で必要になる装備もできるかぎり運ぶ。パラシュートを高高度で開くと、最大50キロほど離れたところから目標地点まで滑空することが可能だ。高度が1000フィート上がるごとに、気温はおよそ2度下がる。そのため高温の熱帯地方であっても、高度によっては気温が0度を大きく下回り、エージェントは快適とはいえない状況にさらされる。その上、パラシュートの傘を操縦するために両腕を上げていなければならない。1万5000フィートを超える高度からの降下を予定しているのであれば、どんな場合でも事前に一定時間、純酸素で予備呼吸を行うのが望ましい。血中の窒素が除去されて、減圧症を防ぐのに役立つ。

HALOによる潜入

HALOは、High Altitude Low Opening（高高度降下・低高度開傘）の名のとおり、降下の最終段階までパラシュートの開傘を遅らせる点がHAHOとは異なる。降下は、指定された着地点の上空で、地上からはまったく見えず、小型兵器の射程にも入らない高度から行う。降下するエージェントのレーダー反射断面積は小さいため、地上のレーダーに検出されることはまずない。安全面を考慮して、パラシュートには自動開傘装置を必ず装着し、パラシュート展開の高度が2500フィート（約750メートル）を切らないようにする。

HALO降下はタイミングが命だ。タイミングを間違えば、発見されて降下中に狙撃されるか、地面に激突して血みどろになるかのどちらかである。

スパイの実際

MI6で使っていた酸素供給システムは「希釈器要求型」だった。このシステムでは、C-130輸送機の中央を走る大型のコンソールを使い、その両側に6個の酸素供給器があった。搭乗したジャンパーは、このコンソールにプラグを接続し、予備呼吸を開始する。飛び出す高度に達するまでには、少なくとも30分かかる。Pマイナス5［降下開始5分前］でコンソールからプラグを外し、ハーネスに取り付けた緊急用ボンベに切り替える。緊急用ボンベには、約15分間もつ酸素が充填されている。

ファストロープ降下

ヘリコプターで潜入する場合、ヘリから降りる方法はいくつもある。そのうちのふたつが前述のHALOとHAHOで、十分な高度から飛び出し、パラシュートを使って着地できる場合に行う。ヘリが地上数十センチのところに浮かび、動く速度も十分ゆっくりなら、単純に地面に飛び降りて目的地へ向かえばいい。しかし、上陸地点が障害物に囲まれており、安全に飛び降りられる状況にない場合は、おそらく「ファストロープ」か「アブセイル」（次ページを参照）のどちらかで降下することになる。

ファストロープ降下を行うときは、ヘリコプターから太いロープを地面へ落とし、送り出される人間は単純にロープを滑り下りる。この際、両手、両ひざ、両足でロープをしっかり押さえて、降下速度を落とす。これは迅速でシンプルな潜入メソッドだが、注意すべき点がある。まず、標準の革手袋の下に、必ずもう1枚手袋をはめること。摩擦によってたいへんな熱が発生するからだ。

もうひとつ、両手でしっかり握り続け、両ひざも一定の強さで押し続けること。どちらの力が不足しても、地面への降下がたちまち片道切符の旅に変わってしまう。

アブセイル降下

アブセイル（懸垂下降）は、ラペリングとも呼ばれ、登山技術から進化した。ドイツ語で「ロープで下る」を意味するアブザイレンが語源だ。今では、着陸が不可能な場合にヘリコプターから降下する方法として広く行われており、非常に習得しやすいテクニックである。

講習を受けたいなら、ほとんどのクライミングジムでラペリングの基礎を教えている。ただし、普通そうした講習ではラペリングで垂直の壁を下りる方法を教えるのに対し、MI6 が使うメソッドは、そうした支えがない場合を想定している。

ヘリコプターからの降下を始める前に、下をさっと見て確認しよう。ロープが本当に間違いなく地面に接しているかをチェックして、そのあとヘリから飛び出し、アブセイルを始めるほうが、常に得策だ。ヘリコプターのホバリング高度が意図したより高かったために、降下途中でロープがなくなって地面にたたきつけられたという事例もある。

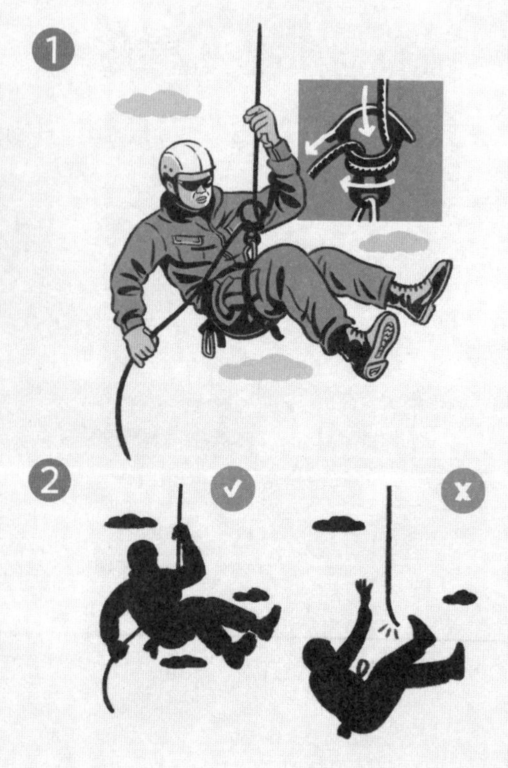

ラペリングには、鍵となるふたつのステップがある。❶ロープをハーネスにきちんと接続する。❷ロープが地面に接していることを確認する。「ロープの末端」に達したときには、足が地面に着いている必要がある。

潜水艦による潜入

片手でロープにしがみつきながら潜水艦で海から引き上げられるより、もっと怖いことがひとつだけある。それは、潜水艦で行う潜入だ。

HMS〈トラファルガー〉の奥深く、魚雷が格納された薄暗い船倉に、エージェントが集まった。潜水艦は、浮上しなければこれ以上は海岸に近づけないという位置で停止している。エージェントの装備は、短時間使える緊急脱出用の呼吸装置と両足のフィンだけだ。最初のエージェントが、いやいやながら、真っ暗な魚雷発射管に入った。扉が閉じて密封されると、発射管内部が水で満たされ始めた。満水になると、発射管の反対側が開き、エージェントがゆっくり現れて、海岸に向けて泳ぎ始めた。非現実的なスパイ映画では華々しく描かれてきたが、魚雷発射管から「発射」されるようなことはない。時間がかかり、恐ろしく、強烈な閉所恐怖を感じる体験だ。

私自身は、何らかの形で空中に浮かび、空を飛ぶのはいつでも歓迎だった。だが、狭い金属の管に入って完全な暗闇の中で水没し、遠くから伝わってくる振動しか感じられず、聞こえるのは自分の呼吸と早鐘を打つ心臓の音だけという状況は、疑問の余地なく、これまで私がやった中で最も恐ろしい経験だった。敵地に潜入する方法を選ぶなら、私にとってこれは最終手段だ。

17

その他の役立つ知識&テクニック

ここまでの各章でさまざまな秘訣やテクニックを詳しくお伝えしてきたが、当然ながら、優秀なスパイが知っておくべき情報は、無数の本が容易に埋まるほどたくさんある。そこでこの最終章では、これまでにきちんと触れられなかったが、負けず劣らず重要で、この本に含める価値のある細々とした内容をまとめることにする。どれも有益なのはいうまでもないが、同時に楽しんでいただける内容になっていれば幸いだ。

勲章の着用

あなたが民間人であれば、公式な勲章を持っておらず、着用方法を心配する必要はないかもしれない。しかし、もし政府やほかの正式な組織から授与された勲章をいくつか持っているなら、それをフォーマルなディナーや式典でどのように着用すべきか知っておく必要がある。気をつけてほしい。間違った勲章を着けていた、あるいは正しい勲章であっても着用の順番や位置が間違っていたら、おそらく困ったことになる。恥ずかしい思いをしないように、自分が所属する団体のルールを確認しておこう。

たとえばMI6では、ミニチュアメダル（本勲章の小型のレプリカ）だけを着用する。位置は左の胸ポケットの上で、その中央に高さをそろえて並べなければならない（右胸に勲章を着けるのは、それが祖先に授与されたものであることを意味する。したがってあなたが出席するような式典ではけっして着用してはならない）。

勲章の着用に関するルールは、細かいことに恐ろしくうるさいので、注意が必要だ。例を挙げればわかるだろう。軍の服装規定によれば、「リボン［勲章の受章歴を示す長方形の略綬］はすべて上下の長さが9.525ミリでなければならない」。また、2列以上になるときは、間隔を正確に3.175ミリにしなければならないのだ。なぜこれほどの精度が必要なのか、どう考えてもわからなかったので、私はいつも安全第一でいくのが一番簡単だと考え、ひとつももらったことがないフリをしていた。

ポートワインを渡す

軍でもそれ以外でも、フォーマルな集まりへ行くときは、お酒をたしなむ方法とタイミングを知っておくことが重要だ。その最たるものがポートワインの飲み方である。食前酒が済み、おびただしい量の赤ワインと白ワインが消費されたあとに、フルーツとクラッカーを添えたチーズの盛り合わせが出てきて、ポートワインが供される。そうなったら、頭をしゃきっとさせて、しらふのときのように集中すること。ポートワインは単に注いで飲めばいい代物ではない。それどころか、必ず守るべき厳しいルールが存在するのである。

ポートワインのデキャンタは、裾広がりで首が長く、ぴったり閉まる栓が付いている。これを人に渡すときは、テーブルの表面からけっして離してはならない（これは英国海軍の古い伝統から来ている。外洋を進んでいるときは、テーブルが揺れる恐れがあったからだろう）。デキャンタは必ず右から左へ渡さなければならない。グラスを満たしたら（正式な用語を使えば「チャージ」したら）、当然、一気に飲み干してもいいと思うだろうし、２杯目を注いでもらおうかと思うかもしれないが、それは間違いだ。テーブルを囲む全員のグラスに注がれるのを待ち、次に、グラスを持って立ち上がる準備をする。グラスを持つ手のひじは肩の高さまで上げる。これから進行役が乾杯の音頭を取るのである。

君主への乾杯

ディナーのコースがすべて終わって、出席する全員のグラスにポートワインが無事に「チャージ」されたら、君主への乾杯を行うこともある。進行役がいない場合、乾杯の音頭を取る役割は、「ミスター・ヴァイス」が担う。ミスター・ヴァイスは、夜の催しに先だってホスト役として指名され、普通は最もランクの低い者が務める。通常であれば、君主への乾杯は実にシンプルな行事だ。ホストがグラスをかかげて、「紳士淑女の皆さん、女王に乾杯」と言う。すると全員が「女王に乾杯」とつぶやき、ポートワインを飲み干して着席する。

ところが、出席者の経歴や立場が異なると、そうするとは限らない。乾杯のときは立ち上がるのが慣例だが、英国海軍の一員なら、着席したまま乾杯することを選ぶかもしれない。英国陸軍の中には、慣例としてイスの上に立ち、片足をテーブルにのせる分隊もある。あるいは、歴史的に特別な待遇が認められていて、乾杯したグラスに口をつけない部隊もある。ここに、飲みすぎてテーブルから頭を上げることさえできない輩を加えれば、本来なら真剣な品位ある儀式となるべき君主への乾杯が、そうはならない場合もあるだろう。

だが肝心なのは、乾杯は参加者、とりわけ乾杯で追悼や祝福をされる人にとって、重要な意義深い行為であるということだ。フォーマルな催しに出席するときは、乾杯の正しい作法に注意を払おう。そして、あなたが乾杯の音頭を取る立場でもそうでなくても、選ばれてこの場に参加できたことに感謝の気持ちを持とう。一言だけ警告したい。いつかMI6の士官用ダイニングホールで、新人エージェントとしてミスター・ヴァイスを務めることになったら、君主への乾杯でしばし無秩序状態となるので覚悟しておくように。みんな好き勝手せずにはいられないのだ。

ホットワイヤーで車を始動させる

あなたはイギリスの秘密情報部から権限を与えられたエージェントではないだろうから、ホットワイヤーの技術［キーを使わずに配線をショートさせて車を始動させる方法］は使うべきではない。とはいえ、生きるか死ぬかの極限状態におかれて、法に従うか命を守るかの選択を迫られているなら、このスパイ技術を試すときかもしれない。

まず理解すべきなのは、今世紀に入ってから製造された車は、それ以前に作られた車より、ホットワイヤーを行うのがずっと難しいということだ。最近の車をホットワイヤーで始動するには、専用の機材が必要だし、その説明もここには書き切れないほど長くなる。したがって、ホットワイヤーの最初の目標は、かなり古い車を見つけることだ。

古い車を見つけたら、車内に入る必要がある。それにはドアを開ければいい（幸運にも鍵のかかっていない車が見つかれば）。無理なら押し入るしかない。適度な大きさの石やレンガ（握りこぶし大かそれより大きなもの）があれば、安全ガラスでも割れるはずだ。それで窓ガラスの端をたたく。そこがガラスの最も弱い箇所だ。力をコントロールして、手をガラスに突っ込まないように気をつけよう。ガラスが粉々になれば、ドアのロックに簡単に手が届く。

ホットワイヤーで始動させるには、車のバッテリーからの電力を、電装システムとスターターに接続する必要がある。あなたがイグニッションロックにキーを差して回すたびに、この接続が起きているのだ。だからホットワイヤーで始動するには、イグニッションロックを経由せず、ステアリングコラム内のケーブルに直接アクセスして、正しいケーブル同士を手で接続すればいい。

まず、ステアリングコラムの下に頭を入れて、小さなプラスチックのパネルを探す。これは、たいていコラムにネジで固定されている。偶然にもドライバーを持っていれば、ここは簡単に済む。持っていなくても、強引にこじ開けられるはずだ。コラムは、いかがわしい輩を寄せつけないことより、安全性と利便性を優先した作りになっているのである。パネルを開けると、たくさんのケーブルが見える。

最初は難攻不落に見えるだろう。途方に暮れるほどたくさんのケーブルが行き来しているからだ。しかし、少し時間を取って調べれば、ケーブルが大きく３つの束にまとめられていることがわかるはずだ。おそらく２つの束は、車の反対側へ続いているだろう。これは、ダッシュボードのライトや方向指示器などを制御するケーブルだ。１つの束は、まっすぐステアリングコラムの上へと続いている。それが探していた束だ。

この束には、少なくとも３本のケーブルが含まれる。色はそれぞれに異なるだろう。目標は、バッテリーのケーブル、スターターのケーブル、イグニッションのケーブルを特定することだ。バッテリーのケーブルはたいてい赤い。これはモデルに関係なく、ほとんどの車に共通している。ほかの２本のケーブルは色が決まっていない。だから、どのケーブルが何かを判断するには、何度か試行錯誤することになるかもしれない。

まず、バッテリーのケーブルと、あなたがイグニッション用ではないかと思うケーブルを出す。ナイフか、何か適度に鋭利なもの（足用つめ切りやカミソリなど）を使って、両方のケーブルの被膜を端から２、３センチくらい慎重に切り取る。

絶縁テープを持っているなら、２本のケーブルの端を束ねて１本にまとめる。もちろん、絶縁テープを持っていない可能性のほうが高いが、その場合は２本のケーブルの端をまとめて一緒にねじるだけでいい。選んだのが本当にイグニッションのケーブルなら、車内に電力が供給されているはずだ。確認のためにラジオをつけてみよう。つかなければ、今の手順をやり直す必要がある。今度こそイグニッションのケーブルだろうと思うものとバッテリーのケーブルをつなげるのだ。

電気が来ていることが確認できたら、ここからはきわめて慎重に進める必要がある。スターターのケーブルは通電状態に

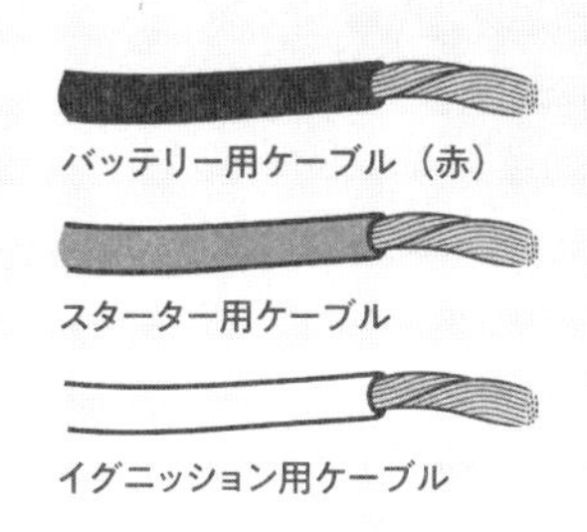

バッテリーとイグニッションのケーブルを特定して束にしたら、これとスターターのケーブルを接触させる。

なっているが、残りのケーブルの中のどれがスターター用なのかは、まだわからないからだ。

スターター用だと思うケーブルを１本選び、ナイフかほかの鋭利なもので、被覆を慎重にはぎ取る。エンジンを始動するには、この「通電状態」のケーブルの端を、先ほど束ねたイグニッションとバッテリーのケーブルの端に当てる。手に持っているケーブルがすべて正解なら、接触させると火花が飛び、エンジンが始動する。空ぶかしを２、３回してエンストを防いだほうがいいが、それ以外は万事順調だ。

ステアリングのロックを壊すために、右か左へ強く回す。ロックが壊れるまで押し続けよう。これが済んだら、問題なくステアリングを切れるようになる。
　ギアをドライブに入れて逃走を開始する前に、通電状態のケーブルを何とかして邪魔にならないところに固定しよう。テープ、麻ひも、布、何でもいいからあるものを使って、ケーブルが体に触れないようにするのだ。夜間に高速道路を猛スピードで走行中に、ひどい電気ショックを受けたのではかなわない。

携帯電話を安全に使う

　携帯電話は、使い捨てが可能なプリペイド式のものを少なくとも1台、必ず偽の素性ごとに専用に用意する。そして、偽の人物像にリアリティを与えるような使用履歴を作る。友人やパートナーとして設定した者とひんぱんに通話し、メールの送受信もしておくのだ。海外へ派遣されたり新しい任務を始めたりするときに、その都度「まっさら」な携帯を購入したくなるが、それは避けるべきだ。
　新しい携帯電話は疑われる可能性が高い。最近携帯をなくして買い換えたというのは少々都合がよすぎるし、警察に紛失届けを出していないと説明したら、なおさら怪しまれる。国同士が特別よい関係でなくても、警察は携帯の盗難届けといった情報を共有し合う可能性が高いことは、覚えておく価値がある。
　任務をひとつ完了したら、そのための偽の素性は葬り去ることを検討する。そうするなら、その人物専用の携帯電話も確実に破壊すること。こうすれば、偽の素性で積み重ねた過去の一部が消去され、結果的に、その人物の存在を消し去ることにつながる。

画面のプライバシーを守る

いうまでもないことだが、思慮深いスパイなら（あるいは民間人でも）、自分のパソコンに必ず最新のウイルス対策をひととおり施しているはずだ。また、スパイウェアについてもきちんと理解し、自分のパソコンへの侵入に気づく方法や、侵入されたときの対処方法も知っているだろう。

しかし、見落としている可能性のあるのが、画面のプライバシーを最大限に守る対策だ。そのためには、他人から画面を見えにくくする必要がある。

近くにいる人間や、遠くにいても望遠レンズを持っている人間は、あなたのノートパソコンに表示されたものが見えることを意識してほしい。背中を（つまり画面も）壁に向けて座ることができない場合は、意図せず誰かに見られていないか、常に目を光らせる。とくに自分の真後ろに注意しよう。プライバシーフィルターの名で知られているプラスチックの偏光シートは、簡単に手に入り、どんな画面にも貼り付けられて、真正面以外の角度からは画面が見えなくなる。自分のパソコンの画面を読んでいるのは自分しかいない、とある程度の自信を持って言えるようにしたいなら、プライバシーフィルターに投資する価値はある。

毒ヘビを見分ける

スパイの仕事は、世界のあらゆる場所へ行く必要がある。のどかな愛すべきイングランドと比べ、ヘビに出くわす可能性が相当に高い環境に放り込まれることもしばしばだ。世界保健機関（WHO）の推定によると、年間およそ540万人がヘビにかまれており、その33～50パーセントが毒ヘビによる被害だという。ヘビのかみ傷に関連する死亡者数は、平均で1年間に8万1000～13万8000人に上る。切断などの永続的な障害を負う数はもっと多い。

いうまでもなく、毒を持っていそうなヘビを見分けられれば、そうした被害にあう可能性は大幅に下がる。ヘビが生息するとわかっているエリアを横切るときは、トラブルに足を踏み込まないように、地面からも目を離さないようにしよう。

（1）地域について調べる

世界で知られているヘビは、およそ3600種に上る。そのうち375種が毒ヘビだ。毒ヘビの生息が確認されている地域で任務にあたることがわかったら、最も広く生息する毒ヘビは何で、どんな姿をしているか、必ず調べよう。出くわす可能性の高いヘビの特徴を知っていれば、それを避ける役に立つ。

（2）肉体的特徴を観察する

地域について調べる時間がなかったときや、調査はしたが、そこに含まれていなかったヘビに出くわしたときは、その場で、しかもすばやく見分ける必要がある。

おおまかな法則として、毒ヘビは頭部が三角形をしていることが多く、脅威を感じると頭を平たくする。頭がこの形をしていると、あごに毒腺を収めやすいのだ。残念ながら、これが常に正しいとは限らない。頭部が三角形ではない毒ヘビもいるし、毒はないが頭部が三角形のヘビもいる。また、ガラガラヘビ、アメリカマムシ、ヌママムシは、頭部がくさび形をしている。つまり、かなりのバリエーションがあるのだ。したがって、次に挙げるほかの危険信号も探して、疑いが正しいか確認しよう。

◉毒ヘビの目は、たいてい丸い瞳ではなく、ネコのように瞳孔が細長い。

◉多くの毒ヘビは、鼻孔の横に複数の小さな穴がある。この穴の中には感覚器官があり、これで熱と近くの獲物を感知できる。この種のヘビは「ピットバイパー」と呼ばれる。

◉当然ながら、ほとんどの毒ヘビは口の先端に２本のきばを持つ。もしヘビにかまれて、そのあとに毒ヘビかどうかを知る必要があるときは、かみ痕を確認しよう。無毒のヘビは円形や楕円形のかみ痕が残るのに対し、毒ヘビのかみ痕は、たいていふたつの赤い点にしか見えない。この点は、ヘビのきばによる刺し傷だ。

◉あなたのいる場所がアメリカ大陸（北米、中米、南米）で、ヘビの頭が見えないときは、ヘビの尾にガラガラに似た発音器があるか確認すること。ガラガラヘビはすべて毒を持つから、避けたほうがいい。ただし、発音器がない（あるいは音が聞こえない）からといって、問題のヘビがガラガラヘビでないとは言い切れない。ガラガラヘビの多くは、老化や負傷で発音器を失うからだ。

(3) ウミヘビ

ほとんどのヘビは泳げるし、ヌママムシやセグロウミヘビのような毒ヘビも泳ぐことができる。とはいえ、ウミヘビは陸のヘビとはまったく異なるタイプの脅威だ。この生物は、生活のほとんどを水中で送り、主に太平洋の水温が高い地域とインド洋に生息する。水中で呼吸はできないが、1時間もの長い間、潜水を続けられる。鼻孔には特殊なフラップがあり、これを閉じて水をシャットアウトできる。また、体に対して頭部が小さく、三角形やくさび形の頭の形で見分けることはできない。代わりに、尾の形に注目すると、水中ですばやく泳ぐのに適した平たい形なのがわかるだろう。

ほとんどの人は知らないが、ウミヘビはすべてコブラ科に属する。したがって、陸に住む仲間と同等の猛毒を持つから、何としても避けなければならない。幸い、ウミヘビのきばは短いから、ダイビングスーツを着ていれば、ウミヘビの毒による最悪の事態はまぬがれる可能性が高い。ただし、もしウミヘビにかまれて毒が体に入った場合は、ただちに治療を受ける必要がある。

(4) 避けるのが最善の選択肢

ヘビを見分けるこうしたコツは知っていれば役に立つが、それでも安全第一に考えれば、特定できないヘビに出くわしたときは最大級に警戒しながら進む必要がある。たいていどんなルールにも例外は存在する。だから、すべて毒ヘビかもしれないと考えるのが最も安全だ。シンプルに、ヘビは可能なかぎり避ける、というのが最良のルールといえる。

毒のある植物を見分ける

任務で現場に出れば、森やジャングルを徒歩で移動することもあるだろう。こうした徒歩移動は、計画したものかもしれないし（その場合は、目的地まで十分に栄養補給できるだけの食料を持っているだろう）、予定外のものかもしれない。まったく予期しないタイミングで逃亡を強いられたような場合だ。

そうした状況では、どの植物なら触っても——さらには食べても——安全かという知識が、自信をもって安全に前進する上で不可欠になる。夜、ツタウルシが生えている場所で横になったり、手当たり次第に茂みから果実をもいで食べたりしたら、すぐに悲惨な思いをするか、もっとひどい事態に陥る。

避けるべき植物について深く理解するなら、その地域について詳しく解説したガイドブックの中から関連する部分を読むのが最も望ましい。それが無理な場合のために、知っていれば精神的重圧が軽くなる情報をいくつか紹介しよう。

まず、3の法則（3は葉の数）が一般に正しいことは知っておくといい。「葉が3枚組なら放っておけ」と言われるとおりだ。ツタ状か低木かは、たいして重要ではない。ツタウルシの仲間はどちらの形態も取るからだ。だから、もっと詳しい情報を詰め込む代わりに、葉が3枚組に見える植物はすべて避けよう。この法則は、葉のサイズが違う、つまり1枚が大きく2枚が小さいといった場合にも当てはまる。

第二に、草は全般に食べても安全だということも、知っておけば役に立つ。草の葉そのものにたいした栄養はないが、草をかめば少量の汁がしぼり出されるから、それを飲むことはでき

食べられる植物か判定する

見つかるものを何でも食べるしかない状況に陥ったら、少なくとも以下に示すルールを使って、自分の健康を害する事態だけは避けてほしい。

何かする前に、食べようと考えている植物を、根、葉、花、茎など、それぞれのパーツに分割する。ある部分は毒でも、ほかの部分は安全という場合もある。それは植物によって違うだろうから、食べるかどうか検討するためには、パーツごとに試す必要がある。

第一のテストとして、各パーツのにおいを確認する。ひどいにおいなら食べてはいけない。単純だ。アーモンドのにおいがする？　これもパス。手にしているのは、まさしく毒だ。

次に、腕の皮膚のごく一部分に植物のパーツをこすりつけ、30～40分様子を見る。そこがかゆくなるかヒリヒリし始めたら、そのパーツを食べるのは安全ではないということだ。複数のパーツを同時にテストしてはいけない。どの部分がどのパーツだったか忘れる可能性がある。こういう取り違いは命取りになりかねない。

ある植物のパーツが、テストを両方パスしたとしよう。次は、可能ならそれをゆでたほうがいい。ゆでたあと、くちびるに植物をこすりつける。約15分たっても、くちびるがヒリヒリしたり痛んだりしなかったら、そのパーツを口の中に入れる。まだ飲み込まないこと！　口の中に入れたまま、数分待つ。石けんのような味や非常に苦い味がしたら吐き出す。最後のテストで失格だった。だが、上記のどちらの味も感じなかったら、この植物は食べても安全なはずだ。

る。少しは栄養価があるから、何もないよりマシなのはたしかだ。汁をしぼり出したら、残った草は吐き出す。

最後に、白いミルクのような液を出す植物は、絶対に避けること。かじってみようかと思っている茎や柄を折ってみたところ、こういう液が出てきたら、その植物は捨てる。毛に覆われて見える植物や、葉に光沢のある植物、白い果実を付けた植物も同様だ。実のところ、果実に関しては、自信を持って特定できるもの以外、すべて避けるのが一番いい。キノコも同じように避けるのがベストだ。

動体検知装置をかわす

現代のほとんどのオフィスには、何らかの動体検知装置が設置され、暗くなると作動する。最も一般的な動体検知装置には、能動型センサーと受動型センサーがある。

能動型の動体センサーは、近接センサーとも呼ばれ、コウモリが夜にものを「見る」のとほぼ同じ原理で作動する。超音波をビーム状あるいは円状に照射して、壁やほかの物体に反射して戻ってくる速さを計測するのだ。ビームの前を何かが横切ると（人体でもほかのものでも）、戻ってくるスピードが変わるので、警報が鳴る。

受動型の動体センサーにはタイプがふたつある。ひとつ目は赤外線検知器で、赤外線の熱エネルギーを検知する。どんなものでもある程度の熱エネルギーを発しているので、受動型の動体センサーは、温度のゆるやかな変動は許容する設計になっている。日の出で部屋が暖まるときや、夜間に部屋が冷えるときなどだ。しかし、何か明らかに温度の違うもの、たとえば動物や人間などがセンサーの検知範囲に入ると、警報が作動する。受動型センサーの第2のタイプは、ビームセンサーとも呼ばれる。ビームセンサーは、集束させた赤外線の光線を、ある方向から受光器に向けて照射する。誰かが——あるいは投げたものでも——光線の通り道をさえぎると、警報が作動する。

動体検知装置がありそうな立入禁止エリアに入ろうとしているときは、侵入や横断を試みる前に、いくつかのステップを踏む必要がある。

まず、動体検知装置の有無と、それがカバーする範囲を確認する。たいていの動体検知装置は、より広い範囲の床をカバーできるように、高い位置にある。検知装置の形はあらゆるものが考えられる。とはいえ、最も一般的な市販モデルで、比較的狭いスペース（たとえばオフィスや会議室など）の大部分をカバーするように作られたものは、握りこぶしほどの大きさで、やや角張った形をしている。設置する壁に最初から埋め込まれるより、追加で後付けされるほうが一般的だから、見つけるのは難しくない。1部屋に複数あることも考えられる。広いスペースならなおさらだ。時間をかけて、確実にすべてを見つけ出すこと。

動体検知装置を見つけたら、それがどういう種類のセンサーで、どういうエリアをカバーしているかを見極める。ビームセンサーなら、その上下左右に、検知されずに通過できる経路はないか探す。

同じように、能動型動体センサーや赤外線センサーに直面したら、センサーのカバーする範囲がどういう円になりそうかを見極める。また、装置の位置と角度を元に、検知器の下に「死角」となる空間がどの程度あるかも判断するようにしよう。

動くときは、可能なかぎり壁に沿って進む。体を低くして、備品をうまく利用しよう。備品が多くあり、それでセンサーをブロックしながら部屋を通過できる経路が見つかれば、なお好都合だ。移動中に音を立ててはいけない。あまり音を立てると、たとえわずかな音量でも、動体検知装置が作動する場合がある。音は、光の波や赤外線、超音波に影響を与えるからだ。壁に沿って進めないなら、最も静かに部屋を通過できる経路に賭けよう。

最後の注意点は、部屋に入った瞬間から、もう危険はないと確信できる瞬間まで、ゆっくり動くことだ。急いで部屋を通り抜けようとすると、たいていは判断ミスにつながる。2個目、3個目のセンサーを見落としたり、ビームの経路や角度、範囲、サイズを見誤ったりする。2、3歩進んだら止まって、自分の現在位置に対してセンサーがどこにあるか、次にどこへ進むか、もう一度検討する。必要なら修正して、常に安全なエリアにとどまるのだ。

ウソを見抜く

別の章で述べたとおり、スパイとして活動するためには、うまくウソをつく能力が必要だ。同じくらい役に立つのが、人がウソをついているか見抜く能力である。人はウソをつくときに、それをうかがわせるさまざまなサインを示すことがある。

そういうサインを知っていれば、ウソをつく能力の向上にもつながる。

2011年に、こうしたサインをまとめた研究者グループがある。R・エドワード・ガイゼルマン、サンドラ・エルムグレン、クリス・グリーン、イーダ・リスタッドが、『アメリカ司法精神医学ジャーナル』に掲載された「口頭の供述・会話から虚偽を見抜くための非専門家への訓練」という研究の中で発表した。この研究の結果、対象がウソをついている可能性を示す「危険信号」は、たしかにいくつか存在するという結論が得られた。その一方で、観察するときは、危険信号がひとつ現れたことを考慮するだけでは十分ではない、とも研究は指摘している。たとえば、「凝視への嫌悪だけでは、虚偽のサインとはいえない。これは集中の高まりを示すサインにもなりえるからだ。真実か虚偽かは、複数の指標の総合的パターンをもとに判断しなければならない」とある。

これを頭に入れた上で、研究が挙げている危険信号を紹介しよう。

真実を話しているときは、たいていコメントや回答に細かな内容が多く含まれる。対してウソをついているときは、長く詳しいコメントを避ける傾向がある。

ウソをついているときは、しばしば質問に答えるのをためらったり、答えるのを先延ばしにしたりする。ときには、質問を復唱して、質問者に聞き返すことまでする。

ウソをついているときは、自分の発言を相手に納得させようと努め、いかにも真実味のある発言にしようと懸命に努力することが多い。

ウソをついているときは、発言について聞かれても詳しい説明を渋る。真実を話しているときは、必ずではないが多くの場合、自分の発言の意味するところを喜んで説明し、その話題に関連する個人的経験を話すことさえある。

真実を話しているときは、一定の速さと声の高さで話し続ける傾向がある。対してウソをついているときは、話し方にもっと乱れが生じ、声の高さや話のテンポ、なめらかさがより大きく変動する。

また、真実を話しているときは、アイコンタクトを維持し、手を体から離すしぐさをする傾向がある。ウソをついているときは、しばしばアイコンタクトを避け、手を外に動かすしぐさが減る。

ピッキング

当たり前だが、自分のものでない錠をピッキングで開けるのは、完全な違法行為である。しかし、非常時には非常手段が必要というのも本当だ。鍵のかかった閉鎖空間に入る、あるいはそこから出ることが、自分の命に関わる事態になったら、こういう技術を知っていてよかったと思うだろう。ドアの錠で最も一般的なのは、ピンタンブラー錠だ（エール錠とも呼ばれる）。ここでは、このタイプについて取り上げる。ピンタンブラー錠の仕組みを理解すれば、ピッキングが格段にやりやすくなる。

ピンタンブラー錠は、5つの部品で構成されている（227ページの図を参照）。錠の最大の要素となるのが外筒で、ほかの部品はすべてこの中に収納されている。内筒はシリンダーの形をした部品で、外筒の下部中央を貫通している。内筒は、錠の中で鍵を差し込む部分でもある。内筒の頂点が外筒と接する部分をシアラインという。シアラインに沿って4個か5個の穴があり、外筒から下の内筒まで貫通している。外筒に開いた各穴の中には、バネ、その下にドライバーピン、さらに下にタンブラーピンが入っている。バネは、内筒の異なる深さまでピンを押し下げる。上下の穴がそろうと、ピンが邪魔をして内筒が外筒の中で回らないので、錠はロックされる。

ピッキングをするには、ピンを外筒へ押し上げて、ドライバーピンとタンブラーピンの接点をシアラインとそろえる必要がある。やっかいなのは、ピンの深さが1組ごとに異なる点だ。そうでなかったら、単純にピックをまっすぐ押し込むだけで、すべてのピンを同時にシアラインまで持ち上げて開錠できる。実際はもう少し難しい。それでも、これで錠の構造と仕組みが分かったはずだから、しっかり練習すれば、わりあい簡単に錠を開ける方法を身に付けられる。

プロが使うピッキングツールのほうが、現場で即席で作るものより優れているが、道具を急ごしらえするしかない場合もある。陳腐に聞こえるかもしれないが、ピッキングをいつでも確実にできるようにする簡単な方法は、二つ折りのヘアピンを常に2本持ち歩くことだ。使うヘアピンは、両端にゴムの「球」が付いていないものをお勧めする。付いている場合は、はぎ取る必要がある。1本目のヘアピンをまっすぐに伸ばし、平たくなった端（反対側はたいてい波打っている）を鍵穴に1センチ弱差し込んだら、力を加えてピンの端を曲げる。直角にならない程度でいい。それから鍵穴から抜く。これでロックピックとして使える。

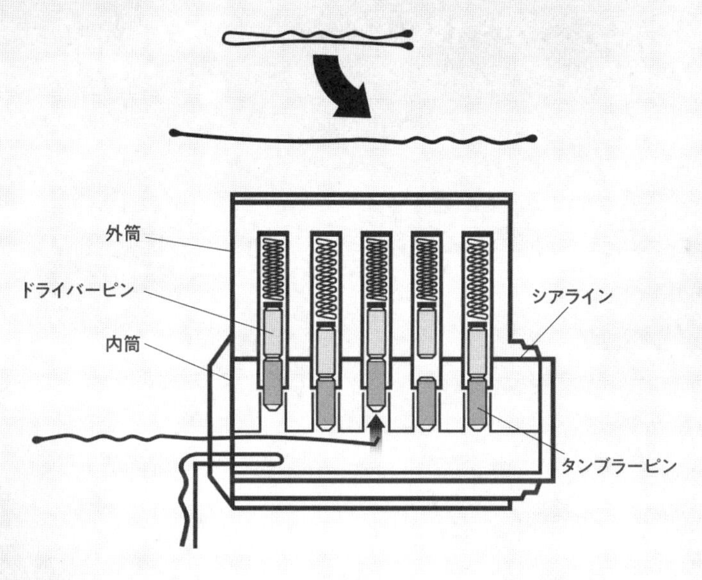

次に、伸ばしていない２本目のヘアピンを取り出し、輪になった側を2.5センチほど鍵穴に押し込んで、ヘアピンが直角に曲がるまで下へ押す。曲がったら、ヘアピンを鍵穴から取り出す。これがテンションレンチになる。

ピッキングをするときは、内筒に開いた鍵穴の下のほうにテンションレンチを入れ、鍵を回すときと同じ方向に回転させる。力はほとんど入れない。ここはピッキングの中でも優しい力加減が必要な部分だ。

次に、ロックピックをテンションレンチのすぐ上に差し込み、ピンを１組ごとに優しい力で上へ持ち上げる。目標は、ピンを持ち上げて、ドライバーピンとタンブラーピンの接点をシアラインとそろえることだ。テンションレンチで内筒を優しく回し、それぞれのドライバーピンが内筒の穴の縁に引っかかるようにする。鍵穴の中で小さな円を描きながらピックを前後に動かして、各ピンを内筒の縁の上へ動かすようにする。この作業は「スクラビング」と呼ばれる。

スクラブしながら、テンションレンチにごく優しい力をかけ続ける。これは、ドライバーピンがシアラインを越えたときに、その下に内筒を動かすためだ。最終的に、すべてのドライバーピンが内筒の上に引っかかれば、テンションレンチで内筒を回すことができ、ロックが解除される。

練習を積まなければ、ここに書いたように簡単にはできないことを頭に入れておいてほしい。きちんとしたピンタンブラー錠を買って、10秒前後で開けられるようになるまで練習すること。もちろん、錠前はすべて異なることも忘れないように。練習できる錠が多いに越したことはない。

ハニートラップ

「ハニートラップ」については、ふたつの視点で見る必要がある。あなたがどちらの立場になるとしても、「肉欲の罪」で自分の業務効率を完全に損なわないためには、最大級の意志の強さが必要だ。

あなたが現役のシークレットエージェントでも、貴重な情報を持つ民間人でも、何の気なしに自分の仕事をしていたはずが、ふと気づいたらハニートラップにつかまっていた、という日が来るかもしれない。おそらく、非常に魅力的だが実は無慈悲な敵のエージェント（通常は異性だが、必ずしもそうとは限らない）が接近してくる。その男か女は、あなたを容赦なく誘惑しようとするだろう。その目的はただひとつ、あなたから機密情報を引き出すことだ。この場合、あなたに課せられた仕事は、とにかく何も教えないことである。肉体的に可能なかぎり。

あなたが「見栄えのよい」カテゴリーに属する人物なら、ハニートラップのおとりになり、悪知恵と性的魅力を駆使して、敵のエージェントから機密情報を引き出すように、と管理官から求められるかもしれない（長いキャリアの中で、私はこの役に一度も選ばれなかったことを、ここで付け加えておきたい。選ばれた人たちを私がねたんだなどとは、間違っても考えないでほしい。いずれにしても、選ばれるエージェントには共通点がひとつあるといつも思っていた。それは、得意げな態度が鼻につくことだ）。この場合、あなたに課せられた仕事は、どんな手を使ってでも機密情報を集めることである。

ハニートラップが仕掛けられたら、油断してはならない。最大級の警戒が必要だ。

> 1950年代、東ドイツの保安機関シュタージの内部に、マルクス・ヴォルフが特別な部署を立ち上げた。ヴォルフは、国内最高の美男・美女を採用して訓練し、西ドイツの政府、軍、産業界のあらゆる地位にある人間を誘惑させた。その唯一の目的は情報収集だ。この特殊部隊は大成功を収めた。ヴォルフはのちに、こう書いている。「スパイ活動が存在するかぎり、秘密に近づけるジュリエットを信用させて誘惑するロミオは、これからも存在し続ける。なんといっても、私が指揮していたのは諜報機関であって、恋人募集クラブではなかったのだから」。

事例研究：ハマタリ

ハニートラップの最初期の名手で、おそらく最も悪名高いのが、マルガレータ・ヘールトロイダ・マクラウド、別名マタ・ハリとして知られる謎の美女だろう。第一次世界大戦中、フランスの諜報機関である軍参謀本部第2局は、マダム・ハリを採用すると、ドイツ軍の戦争計画について情報を集めるために、皇太子ヴィルヘルムを誘惑する見返りとして、多額の報酬を支払った。

この任務を承知したマタ・ハリが、ハニートラップの技術を芸術の域に高めるまでに、長い時間は必要なかった。あれよあれよという間に、ドイツ皇帝最高司令部のトップへと近づいていったのである。ところが、皇太子ヴィルヘルムをベッドに誘い込む前に、彼女の計画は裏目に出てしまう。マタ・ハリの驚くべき成功を目にして、フランスは彼女を二重スパイと断罪したのだ。すぐさま契約を解除すると、死刑の判決を下した。マタ・ハリには銃殺隊による処刑が宣告されたが、シークレットエージェントの長い伝統に従って、彼女は冷静に運命を受け入れた。拘束も目隠しも拒んで、兵士が銃を構えたときも、ひとりひとりに笑顔を向け、キスを投げたのである。

しらふでいる

仕事中は、アルコールを避けることが大切だ。とはいえ、くつろいだ友好的な態度を演出するために飲まざるを得ないときは、自分が余裕をもって処理できる以上のアルコール（あるいはハッパ）をけっして摂取しないこと。認知機能が低下した兆候をあなたが示し始めたら、敵のエージェントに対し、誘惑される準備が整いました、という大きな歓迎の合図を送っているも同然だ。

緊張のサインを探す

ハニートラップを仕掛けようとしている者は、あなたに近づく直前に、ストレスや緊張のサインを示す可能性が高い。だから、近くにいる人間をひそかに観察しておく価値はある。行動を起こすときに、脚がビクッと動く、顔や髪を触る、激しくまばたきする、手をこする。これらは、あなたをわなにかけようとしているサインかもしれない。

ウソをついているか

ボディランゲージの専門家に聞けば、人がウソをついているか判断する方法はたくさんあると言うだろう。そうした「サイン」は223ページで取り上げた。自分がハニートラップのターゲットになっていると思ったら、その人間の言うことはすべてウソだと思え、というのが私にできる最良のアドバイスだ。

飲み物への混入

自分の飲み物を放置することや、見ていないところで注がれた飲み物を受け取ることは厳禁だ。ハニートラップのターゲットにされているなら、あなたを従順にしたり、体の自由を奪ったり、最悪の場合、殺したりするために、薬物が混入されている恐れがある。

話す量は少なく、聞く量は多く

誘惑役のエージェントと思われる人間と会話するときは、聞き役に徹しよう。可能なときはいつでも、質問には別の質問で遠回しに答えるように努める。自分が話をせざるを得ないときは、一瞬、間を置いて余裕を作る。たとえば飲み物を一口飲めばいい。また、年齢、星座、生まれた場所といった重要でない情報を提供するときは、できるだけ真実に近い内容にする。

盗聴

あなたをハニートラップに誘い込もうとしている者や近くにいるその仲間は、あなたの言葉を一言残らず録音している、と常に想定しておくこと。

写真を持ち歩く

自分の写真を２枚撮っておこう。１枚は男性と一緒に、もう１枚は女性と一緒に撮る。どちらのスナップ写真も、幸せなカップルに見えるようなポーズで撮ること。これを見せるときは、牽制したい相手の性的指向を踏まえて、自分のパートナーが男あるいは女だという事実を強調できるほうを出すように気をつけよう。この「パートナー」との過去を頭に入れておくことも重要だ。誘惑をあきらめさせるためにこうした写真を使えば、当然、新たに一連の質問を受けることになるからだ。

おわりに

あなたが幸運にも、しばしば世界一の仕事ともいわれる役目（私が「世界一の仕事」といったら、女王陛下の秘密情報部で働くことだ）をつかんだ暁には、つい尊大な態度を取ってしまいがちだから、そうならないように気をつけよう。謙虚になって、シークレットエージェントの最も価値ある財産――ユーモアのセンス――を、どんなときも失わないようにするのだ。

本を読みふける著者

著者について

キャプテン・レッド・ライリーは、17歳で英国陸軍に入隊した。基礎訓練ののち、操縦士訓練に志願して、即戦力となるヘリコプター操縦士の資格を取り、その後、ドイツ、北アイルランド、カナダ、ベリーズ、キプロスで軍務についた。36歳のとき、陸軍航空隊を離れ、英国陸軍の特殊部隊である特殊空挺部隊（SAS）に転属した。1980年、ライリーは英国対テロ特殊チームのメンバーだった。チームはその年、重武装したテロリストがイラン大使館を占拠した際に突入を行った。1982年、フォークランド紛争のさなか、ライリーはチリでの抑留をかいくぐった。これは、アルゼンチン本土への攻撃を試みる、大胆なトップシークレットの作戦の一環だった。1989年、陸軍を除隊すると、ライリーはすぐさまMI6に採用され、2015年まで働いた。2017年に自伝『*Kisses from Nimbus*』を出版。現在、ライリーと妻のキャロルは、英国マンチェスターと、地中海に浮かぶスペインのマヨルカ島で、二拠点生活を送っている。

イアン・シャープは、イギリス出身の映画・テレビ監督で、テレビや映画で手がけた作品は広く尊敬を集めている。おそらく最もよく知られているのは、ピアース・ブロスナンがジェームズ・ボンドを演じた『ゴールデンアイ』で、セカンドユニット・ディレクターを務めたことだろう。彼が携わったこの作品のアクションシーンは、シリーズ最高との呼び声が高い。

【訳者】木下恵（きのした・めぐみ）

英語翻訳者。信州大学教育学部卒。訳書に『DREAMCARS 世界でいちばん愛された車たち』（日経ナショナル ジオグラフィック）がある。

MI6 SPY SKILLS FOR CIVILIANS
Red Riley

MI6 英国秘密情報部
スパイ技術読本

●

2024年3月18日　第1刷

著者…………レッド・ライリー

訳者…………木下 恵

装幀…………伊藤滋章

発行者…………成瀬雅人
発行所…………株式会社原書房
〒160-0022 東京都新宿区新宿 1-25-13
電話・代表 03（3354）0685
http://www.harashobo.co.jp
振替・00150-6-151594

印刷…………新灯印刷株式会社
製本…………東京美術紙工協業組合

ISBN978-4-562-07397-9, Printed in Japan